水电站群多尺度气象水文耦合预报方法及应用

陈 杰 陈 华 刘建华 等 著

科学出版社

北京

内 容 简 介

本书基于最新的气象预报产品，在对其进行精度评价和后处理的基础上，通过构建多种时间尺度的径流预报模型，对气象水文耦合的径流预报进行系统、深入的研究。本书主要包括以下内容：①短、中、长期气象预报精度评价与后处理；②基于深度学习和调度函数的水库出库径流模拟；③基于喀斯特新安江模型和实时校正方法，耦合气象预报和水库出库的短期径流预报；④过程驱动模型和数据驱动模型相结合，耦合气象预报的中期径流预报；⑤过程驱动模型和数据驱动模型相结合，耦合气象预报的长期径流预报；⑥基于多目标模糊优化算法的径流预报综合评价。

本书可作为高等院校水文与水资源工程、气象与气候学、地球科学等相关专业研究生和高年级本科生的教材或参考书，也可供水利、发电等部门的研究和管理人员参考。

图书在版编目（CIP）数据

水电站群多尺度气象水文耦合预报方法及应用 / 陈杰等著. -- 北京：科学出版社，2024. 10. -- ISBN 978-7-03-079620-2

I. TV74；P338

中国国家版本馆 CIP 数据核字第 2024K6L688 号

责任编辑：何 念 张 湾/责任校对：高 嵘
责任印制：彭 超/封面设计：无极书装

科 学 出 版 社 出版

北京东黄城根北街 16 号
邮政编码：100717
http://www.sciencep.com

武汉精一佳印刷有限公司印刷
科学出版社发行　各地新华书店经销

*

开本：787×1092　1/16
2024 年 10 月第 一 版　印张：12
2024 年 10 月第一次印刷　字数：283 000
定价：139.00 元
（如有印装质量问题，我社负责调换）

前　言

　　径流预报是防洪减灾体系中重要的非工程措施，不仅可以为流域防洪减灾提供决策支持，而且能够为水库兴利调度提供宝贵的水情信息，具有重要的社会意义与经济价值。在全球气候变化和高强度人类活动的影响下，径流预报的难度不断增加，人们对径流预报的要求也不断提高，传统以落地降雨驱动水文模型开展的径流或洪水预报由于预见期短、精度不高已难以满足防洪减灾和水库调度的需求。气象水文耦合的径流预报通过在水文模拟中引入未来气象预报信息，能提高径流预报的精度并延长其有效预见期。数值气象预报可以提供多种时间尺度的预报产品，满足不同尺度径流预报的需求。然而，气象预报产品往往具有较低的空间分辨率和较大的偏差，在应用于流域尺度径流预报之前需要对其进行后处理或偏差校正。同时，随着计算机技术的不断发展，机器学习特别是深度学习在径流预报中的应用日益广泛，并表现出了巨大的潜力。基于水文模型的过程驱动模型和基于机器学习的数据驱动模型已成为径流预报的主流方法，特别是将两种类型的模型耦合是未来径流预报发展的重要方向。但目前面向水电站安全与经济运行，针对水库运行实际，开展多时间尺度（短、中、长期）、多方案（数据驱动、过程驱动）气象水文耦合的径流预报尚缺乏系统的研究。因此，开展水电站群多尺度气象水文耦合预报方法及应用研究至关重要。

　　基于以上背景，在国家重点研发计划课题"流域管理'空天地'多源信息智能融合及数据底板构建技术"（2023YFC3209101）、国家自然科学基金面上项目"基于气象预报多维后处理的流域径流集合预报研究"（52079093）和天生桥一级水电开发有限责任公司水力发电厂项目"天生桥一级水电站产汇流特性分析和耦合气象预报的径流预报研究项目"的支持下，作者对水电站群多尺度气象水文耦合预报方法开展了深入研究，在综合评价多种时间尺度气象预报精度的基础上，提出了气象预报后处理方法；在考虑水库调蓄行为的基础上，开展了气象水文耦合和数据驱动模型的短、中、长期径流预报研究，提出了一整套面向水电站安全与经济运行的短、中、长期径流预报方法。

　　本书具体包括以下内容。

　　（1）短、中、长期气象预报精度评价与后处理。在对不同来源、多种时间尺度气象预报产品的精度进行评价的基础上，提出了气象预报后处理或偏差校正方法，并评估了不同方法对降水和气温预报偏差校正的效果。

（2）考虑水库调蓄的径流模拟。采用机器学习和水库调度函数法分别在小时与日尺度模拟水库的调蓄行为，建立水库行为模拟模型，模拟出库径流。

（3）短期径流预报。基于喀斯特新安江模型，结合短期气象预报和小时尺度水库行为模拟，提出分区短期径流预报方法和基于无迹卡尔曼滤波的实时校正预报模型。

（4）中期径流预报。采用三种方法开展中期径流预报，包括：基于机器学习的中期径流预报；基于喀斯特新安江模型，结合中期气象预报和日尺度水库行为模拟的分区径流预报；基于分布式水文模型，结合气象预报的分布式中期径流预报。

（5）长期径流预报。采用三种方法开展长期径流预报，包括：基于多元线性回归模型的长期径流预报；基于机器学习的长期径流预报；基于两参数月水量平衡模型，结合气象预报的长期径流预报。

（6）径流预报效果综合评价方法。结合电厂和电网的需求，基于不同时间尺度的径流评价方法，采用多目标模糊优化算法，综合评价不同尺度径流预报的精度。

本书研究成果有助于更好地认识气象水文耦合径流预报的研究进展和发展趋势，对提高洪水和径流预报的精度与延长有效预见期具有重要的意义。本书中提出的一系列径流预报方法可用于气象、水文、水电等多个领域，如研究全球气候变化对水文水资源的影响。

在本书成稿过程中，多位专家和研究生参与了相关章节的撰写，包括武汉大学熊立华教授、天生桥一级水电开发有限责任公司水力发电厂胡召根正高等。本书在研究和成稿过程中，也得到了武汉大学陈森林教授、刘炳义教授、王俊教授、刘峰教授、孔若杉副教授等的指导与支持，以及多位研究生的辛勤付出，在此表示衷心的感谢和崇高的敬意。

由于作者水平有限，时间仓促，书中难免存在疏漏和不妥之处，恳请广大读者和专家不吝赐教。

作　者
2024 年 4 月

目　录

第1章 绪 论

作为防洪减灾体系中重要的非工程措施，及时、准确的径流预报不仅可以为流域防洪减灾提供可靠的决策支持，也能够为水库调度提供宝贵的水情信息，从而产生巨大的水库兴利价值（包红军 等，2016；包红军和赵琳娜，2012；唐国磊，2009；刘艳丽，2008）。传统径流预报一般以落地降雨驱动水文模型，或者基于洪水传播规律推求各断面洪水过程，其预见期一般不长于流域平均汇流时间，这极大地限制了径流预报的时效性。此外，受全球气候变化和高强度人类活动的影响，全球大气和陆面过程发生了显著变化，径流预报所面临的不确定性大为增加，具体表现为：全球变暖加剧了气候系统的不稳定性，降水、气温等气象要素的时空分布发生变异，极端事件频发，模拟和预测的不确定性增加；人类活动改变了流域下垫面条件和产汇流过程，使得水文模型的结构及参数在水文模拟中的不确定性增加（宋晓猛 等，2013；董磊华 等，2012；张利平 等，2008；王遵娅 等，2004；钱正英和张光斗，2001）。因此，如何提高变化环境下流域径流预报的精度并延长其有效预见期是国际水文科学研究的热点问题，也是水文预报领域亟待解决的关键科学问题。

气象预报与水文模型相结合（气象水文耦合）作为径流预报的重要途径，近年来已得到了广泛的应用。将数值气象预报的输出结果输入水文模型，可以预测某一特定预见期内流域径流的变化情势。相比于传统的将落地降雨作为水文模型输入的径流或洪水预报，气象水文耦合的方法通过引入未来的气象预报信息，可将径流预报的有效预见期延长数天甚至更久，特别是当气候系统发生变异时，该方法能预测历史时期未发生的极端水文事件。因此，该方法在气候变化背景下的径流预报中具有显著的优势和重要的实用价值。本章首先简要综述气象预报及其后处理方法，然后介绍气象水文耦合的径流预报，并在此基础上阐述本书的主要研究内容。

1.1　气象预报研究概述

气象预报是一门将大气作为研究客体，对某区域未来一定时段内大气运动状况做出预报的科学（穆穆 等，2011），按照其预报时效的长短，可以分成 0～12 h 的短时预报、1～2 天的短期预报、3～15 天的中期预报和月以上到 1 年的长期预报（或称为短期气候预测）（李鸿雁 等，2015）。介于中期和长期之间的两周至一个月的预报一般定义为延伸期预报。预报方法可以分成基于概率论和数理统计的统计学方法，基于天气图、气象卫星和雷达等的天气学方法，以及基于流体力学、热力学和动力气象学的数值气象预报（穆穆 等，2011）。

数值气象预报是一种基于大气物理学和动力学实现气象预报的方法，它利用一系列的热力学和流体力学微分方程来表示天气的演化过程，并利用计算机技术求解数值方程。其由于物理参数方案多样、空间尺度灵活，并使用了数据同化技术以提高气象要素的预报能力，从而能更准确地预测大气的演变过程，并提高气象预报精度，因而应用广泛（Liang and Lin，2018；王海霞和智协飞，2015；苗秋菊 等，2002）。近年来，计算机的数值求解能力不断提高，基于中尺度数值模式的气象预报技术逐渐成熟，预报结果的空间分辨率也逐渐提升。相关研究表明，使用 4 km×4 km 以内空间分辨率的数值模式无须对流参数化方案即可描述对流过程（平凡 等，2006）。目前，基于快速更新周期的资料同化方案的数值模式气象预报系统已在气象部门中投入使用。

中国是国际上较早开展数值气象预报的国家之一，特别是自 21 世纪初开始自主研发的新一代全球/区域多尺度通用同化与数值预报系统（global/regional assimilation and prediction enhanced system，GRAPES），围绕资料同化、模式动力框架、物理过程、大型软件工程等核心技术开展科技攻关，取得了非静力中尺度模式，三维变分资料同化、标准化、模块化、并行化模式程序软件等方面的突出成果（叶爱中 等，2015）。基于这些成果，形成了新一代全球/区域多尺度通用同化与数值预报系统-区域中尺度预报系统（global/regional assimilation and prediction enhanced system-mesoscale system，GRAPES-Meso）和新一代全球/区域多尺度通用同化与数值预报系统-全球中期数值预报系统（global/regional assimilation and prediction enhanced system-global forecast system，GRAPES-GFS）。伴随 GRAPES 模式和同化技术的不断深化发展，我国于 2018 年形成了从区域 3～10 km 分辨率到全球 25～50 km 分辨率的确定性与集合预报的完整数值气象预报体系，并建立了观测资料前处理和质量控制、气象预报产品后处理、预报检验和产品解释应用、观测和预报数据库、试验分析平台、监控系统全链条支撑系统。在 GRAPES-Meso 4.0 的基础上，我国于 2015 年建立了覆盖我国东部地区 3 km 水平分辨率的区域中尺度模式——新一代全球/区域多尺度通用同化与数值预报系统-快速分析和预报系统（global/regional assimilation and prediction enhanced system-rapid analysis and forecast system，GRAPES-RAFS），大大提高了对极端天气、强风暴天气的描述和预报能力。2019 年，GRAPES-RAFS 将我国西部地区纳入预报范围，自此天气预报范围覆盖全国，并开始投入业务化运行，这标志着我国自主研发的高分辨率区域数值气象预报模式进入新阶段。

国外数值气象预报发展较早，目前应用较多的数值模式包括美国国家环境预报中心（National Centers for Environmental Prediction，NCEP）发布的全球集合预报系统（global ensemble forecast system，GEFS）和欧洲中期天气预报中心（European Centre for Medium-Range Weather Forecasts，ECMWF）发布的 GEFS。2006 年，世界气象组织（World Meteorological Organization，WMO）发起的观测系统研究与可预测性试验（The Observing System Research and Predictability Experiment，THORPEX）科学计划中的全球交互式集合预报系统（THORPEX Interactive Grand Global Ensemble，TIGGE）计划，提出建立 TIGGE，以改进 1～14 天的短中期气象预报（王海霞和智协飞，2015）。

长期预报主要是指预见期超过一个月但不超过一年的短期气候预测，一般采用统计学方法和气候模式方法进行预报。统计学方法一般通过分析历史气象数据的统计特征，构建历史数据与未来预测的数理统计关系以得到未来预测值。例如，通过统计学原理建立预报因子（如海温）和预报变量（如降水）之间的统计关系来进行预报。常见的统计学方法有自回归模型、聚类分析、判别分析、线性回归等（祝诗学 等，2016；Wang et al.，2016）。目前较多的研究将海温作为预报因子，建立其与陆地降水之间的遥相关关系来进行预报，并取得了一定的效果（Sittichok et al.，2016；吴息 等，2001）。这主要是由于海温是海洋对大气产生影响的重要因子，能有效指示大气环流的变化规律，是影响区域降水的重要信号（平凡 等，2006；苗秋菊 等，2002）。近年来，由于人工神经网络（artificial neural network，ANN）和深度学习算法的广泛应用，短期气候预测取得了长足的进展，用以预测的因子也越来越丰富。

气候模式方法基于气象物理演变过程，采用大气-陆面-海洋耦合模式来预测气象变量。目前，全球气候模式（global climate model，GCM）已发展为长期气象预报的工具。GCM 是基于物理定理在全球范围内模拟大气、海洋和陆地之间非线性交互作用的物理模型（Alessandri et al.，2011），目前被广泛应用的有 NCEP 发布的基于大气、海洋和陆地同化资料的第一代气候预测系统（climate forecast system version 1，CFSv1）和第二代气候预测系统（climate forecast system version 2，CFSv2）（Saha et al.，2014），日本气象厅（Japan Meteorological Agency，JMA）的日本全球大气环流模式，ECMWF 发布的基于海温异常强迫的月尺度气候预测系统等（Peng et al.，2014；胡胜 等，2012；Kim et al.，2012）。许多研究者对 GCM 的长期气象预报能力进行了评价，发现 GCM 的预报效果受初始条件、模型参数及模型结构的影响较大，在模拟预测大规模的大气变量时效果较好，但区域预测效果欠佳，其准确性和可靠性方面均有较大的提升空间（Pattanaik et al.，2012），特别是统计与动力模型相结合的预报方法是未来长期预报发展的重要方向（Hao et al.，2018）。

在目前的气象业务中，中期气象预报关注的预报时效为两周，而长期预报则关注月以上的时间尺度，两周至一个月的延伸期预报（或称为次季节预报）一直是气象预报领域的空白，被认为是一个"预测沙漠"（齐艳军和容新尧，2014）。事实上，在次季节尺度上，已发现多种可供使用的可预报性来源，如热带大气季节内振荡、平流层初始条件、陆面土壤湿度、冰/雪初始条件及海平面气温等（Vitart et al.，2017）。为此，世界天气研究计划（World Weather Research Programme，WWRP）和世界气候研究计划（World Climate Research Programme，WCRP）于 2013 年共同发起了次季节到季节（sub-seasonal to seasonal，S2S）尺度的预报研究项目，并组织全球 11 个业务气象预报中心构建 S2S 尺度预报数据库（Jie et al.，2017）。S2S 尺度预报模式提供近实时集合预报和回算集合预报，其预见期最长可达 62 天。现有研究表明，S2S 尺度预报能在较长的预见期内有效预报重要的天气过程（Liang and Lin，2018；Tian et al.，2017）。虽然 S2S 尺度预报也可以提供两周之内的短中期预报结果，但它并不是逐日滚动预报，因此不能归类于短中期预报。尽管如此，S2S 尺度预报的发展仍是实现短中期预报与长期预报无缝融合的关键。

1.2 气象预报后处理方法研究概述

数值气象预报模式一般以网格的形式呈现其预报结果。全球数值气象预报模式输出的气象变量存在空间分辨率低、在区域或局地尺度偏差大等问题，一般不直接用于驱动水文模型以开展流域尺度径流预报。在驱动水文模型之前一般需要采用一定的方法对其进行后处理。基于模型输出统计（model output statistics，MOS）的偏差校正方法是最常用的后处理方法之一。该方法首先在数值气象预报模式的回算预报和相同时段的观测气象变量之间建立统计关系，然后基于该关系校正预报变量的偏差。该方法将历史时段观测数据与回算预报在统计参数方面的差异定义为模式偏差，然后在预报变量上去除该偏差。偏差校正方法可进一步分为基于均值校正和基于概率分布校正两种类型。基于均值的校正方法假设在特定时间尺度（如月尺度）上预报的所有气象事件具有相同的偏差，因而采用同一校正因子予以校正；而基于概率分布的校正方法则采用不同的因子校正不同的气象事件，即假设预报变量服从一定的概率分布，在历史时段建立观测数据与回算预报概率分布的关系，然后对预报变量进行校正。

实际上，气象预报后处理多针对气象集合预报。一个理想的气象集合预报系统要求满足成员等同性、成员足够多和离散度适中等条件（杜钧，2002；Hamill，2001）。然而，在气象集合预报过程中，模式不能完整地描述大气过程的不确定性、模式计算时的分辨率不够、模型运行过程中的误差累积、生成初值条件的同化及扰动方法不完善、集合成员样本少，使得气象集合预报的输出往往存在系统性偏差及欠离散或过离散的情况（代刊 等，2018；Leutbecher and Palmer，2008；Gneiting and Raftery，2005）。因此，在使用气象集合预报产品之前，需要采用统计后处理方法来提升其可靠性与预报能力（代刊 等，2018；Wang et al.，2018；Li et al.，2017；Williams，2016；段青云和叶爱中，2012；Wilks，2006）。

对于气象预报后处理方法，根据参数拟合所选用资料的不同，可以将其划分成基于原始集合预报的统计后处理方法和基于历史特征的统计后处理方法（Li et al.，2019）。基于原始集合预报的统计后处理方法的目标是获得符合预报变量统计特征的统计分布模型，其参数是从原始的集合预报值中估计得到的，其校正结果为预报变量的概率密度分布或重新生成的集合预报成员。与基于原始集合预报的统计后处理方法不同的是，在基于历史特征的统计后处理方法中，其统计分布模型的参数是从历史实测资料中估计得到的。

在基于原始集合预报的统计后处理方法中，典型的方法有集合模型输出估计（Gneiting et al.，2005）、贝叶斯模型平均（Bayesian model averaging，BMA）方法（Raftery et al.，2005）、仿射核函数估计（Bröcker and Smith，2008）等。在基于历史特征的统计后处理方法中，典型的方法有拓展逻辑回归（Roulin and Vannitsem，2012）和基于天气发生器的统计后处理方法（Chen et al.，2014）。许多研究对气象预报后处理方法进行了比较。例如，Wilks（2006）在 Lorenz 96 模型的设定下，比较了 8 种统计后处理方法，发现逻辑回归、集合模型输出估计和核函数估计 3 种方法明显优于其他方法。随后，Wilks 和 Hamill（2007）选取 GEFS 气象集合预报产品的降水和气温预报，进一步比较了以上 3 种表现较好的方法在气温和降水集合预报后处理方面的表现，发现 3 种方法的表现差异并不显著。

在统计后处理过程中，考虑预报变量时空相关性结构可以增强气象预报的可预报性（Keune et al.，2014）。在设计和开发多变量统计后处理方法时，最直接的想法是通过在单变量方法中引入描述变量间相关性结构的参数，从而实现对单变量方法的直接拓展。但该思路仅仅限于要考虑的预报变量个数不多或预报变量呈现出高度结构化的特征。当待处理的预报变量维度很高，且不同变量的统计分布类型也不尽相同时，多变量统计后处理的思想来源于耦合函数。斯克拉（Sklar）定理表明，一个联合分布的相关性性质，完全由它的耦合函数决定。因此，在多变量统计后处理过程中，边缘分布的获得和相关结构的重建可以独立进行。Chen 等（2022）更进一步指出，气象预报后处理结果中站点间、变量间和时序间相关结构的重建，可以通过对集合成员进行重新排序来实现。常见的相关结构重建方法有经验耦合函数、高斯（Gauss）耦合函数和置乱方法。目前多变量统计后处理方法仍有较多问题需要解决，特别是神经网络、深度学习等新方法的应用，仍有待进一步研究。

1.3 气象水文耦合的径流预报研究概述

径流预报所面临的两个重要挑战是如何延长预报的有效预见期和如何提高预报精度（雷晓辉 等，2018；徐静 等，2014）。延长有效预见期的关键在于引入新的预报信息，这在变化环境下的径流预报中尤为重要（夏军 等，2019；许崇育 等，2013）；而提高预报精度依赖于可靠的预报模型和准确的模型输入（许崇育 等，2013）。伴随着数值气象预报，特别是气象集合预报技术的发展，降水、气温等气象要素的预报精度不断提高，气象水文耦合的方法已成为短中期径流预报发展的趋势。该方法将气象预报与水文模型相结合，即将气象预报的输出（如降水和气温）作为水文模型的输入（直接输入或通过后处理），通过水文模型产生具有一定预见期的径流预报序列。

气象水文耦合的径流预报通过在水文预报中引入未来气象预报信息，来延长径流预报的有效预见期。特别是将气象集合预报序列输入一种或多种水文模型，可以预报某一特定预见期内流域径流的概率分布。相比于传统的基于多个水文模型或对径流输出结果扰动产生的径流集合预报，该方法能够更全面地反映径流预报的不确定性，从而有效降低基于预报信息的决策风险。Cloke 和 Pappenberger（2009）对以往研究进行总结后指出，基于气象集合预报的径流预报的"附加价值"表现在：可以更全面地描述和展示径流预报不确定性的累积过程，为准确模拟稀有的洪水事件、估算径流预报的总体不确定性提供可能；可以在气象集合预报的基础上开展概率预报；可以有效利用气象集合预报所提供的中尺度（0~14 天）气象预报信息。即使原始的气象集合预报产品在小尺度流域存在分辨率低、不确定性大的缺点，但其仍然是未来洪水预警中最有希望的一种有效方法（He et al.，2009）。在国际上，水文集合预报试验（Hydrologic Ensemble Predictions Experiment，HEPEX）计划推动了世界各地径流（或洪水）预报业务系统的发展，如欧洲洪水预警系统（European flood awareness system，EFAS）、美国的先进水文预报系统（advanced hydrologic prediction service，AHPS）等（Emerton et al.，2016）。在实践中，EFAS 已经可以将欧洲地区的洪水预警预见期平均延长 10 天左右（Alfieri et al.，2014）。在我国，彭涛等（2010）采用中尺度暴雨数值模式中的集合降水预报产品来驱动新安江水文模型，在湖北漳河流域的洪水预报中应用，发现基于集合降水预报产品的洪水预报在洪峰、洪量、峰现时间等要素上表现出了明显的优势。Bao 等（2011）构建了一个基于 TIGGE 数据集与分布式新安江模型的洪水预报模型，发现该方法可以将洪水预警的时间提前 10 天。包红军和赵琳娜（2012）构建了一个基于 TIGGE 数据集的水文与水力学相结合的洪水预报模型，对淮河 2007~2008 年汛期洪水进行预报后发现，该方法可以将洪水预见期延长 3~5 天。林锐等（2017）将集合平均后的 ECMWF 气象预报应用到流域洪水预报当中，发现该方法可以将洪水预报的预见期延长至 8 天左右。Li 等（2019）将 GEFS 应用到湘江流域径流预报中发现，即使采用未经处理的气象集合预报产品，其对径流的概率预报能力至少能够保持 7 天，采用校正方法可以进一步提高其对径流的概率预报能力。

长期径流预报一般采用数理统计方法或物理成因方法（李伶杰 等，2020；Sang，2013）。数理统计方法根据预报因子的不同可分为两类：一类是基于历史径流变化规律，采用主成分分析、方差分析和时间序列分析等方法构建预报模型（Mohammadi et al.，2006；Krstanovic and Singh，1991）；另一类是成因分析法，即基于大气环流因子与径流之间的关系进行预报，常见的是利用径流与前期大气环流因子、海温场等气象要素之间的遥相关关系，构建多元回归预报模型（郦于杰 等，2018；Piechota et al.，2001）。随着技术的升级，越来越多的智能方法被引入径流预报，如随机森林（random forest，RF）、最小二乘支持向量机（least squares-support vector machines，LS-SVM）、ANN 等，在预报上取得了不错的效果。张利平等（2002）验证了基于大气环流因子的逐步多元回归和

ANN 融合的模型在中长期径流预报方面的可靠性。郦于杰等（2018）利用月径流与逐月环流指数、海温场和高度场的相关关系挑选预报因子，使用支持向量机、RF 和多元线性回归模型预报径流，结果表明，采用支持向量机的径流预报效果优于采用 RF 和多元线性回归模型的径流预报效果。

尽管数理统计方法在全球不同流域的中长期径流预报中有很多的应用，具有一定的效果，但在资料匮乏的地区，气象条件的变异性无法体现。与数理统计方法相比，物理成因方法考虑到了物理因素对降水和气温等气象变量的影响，对历史资料的依赖性较小。具体做法是，将气候模式提供的气象预报数据输入率定好的水文模型中得到径流预报。目前，已经有很多学者使用这种方法预报长期径流。例如，Yuan 等（2013）通过适当的后处理方法对 CFSv2 进行了偏差校正，然后将其输入水文模型得到了可靠性较好的季节性径流预报，但预报效果取决于变量、季节和地区；油芳芳等（2015）结合 ECMWF 多成员降水预报数据和多元线性回归模型建立了径流预报模型，并在桓仁水库评估其效果，结果表明，其对径流的预报精度较高，可以用于指导水库运行。

延伸期径流预报是实现"无缝隙水文预报"的一个必要部分。降水是影响径流预报效果的关键水文要素，也是水文模型的必要输入之一。在开展延伸期径流预报时，基于动力数值模式的延伸期降水预报结果常常被用于驱动水文模型。目前，基于数值模式的短中期日降水预报和长期月降水预报方法发展得较为成熟，预报精度较高，但位于这两个预报尺度之间的延伸期降水预报，由于其同时受到大气初始条件和缓变外强迫等的共同影响，可预报性来源复杂，预报难度大，当预见期超过 10 天时，基于数值模式的延伸期逐日降水预报性能较低，使得延伸期径流预报的表现较差。与动力学方法相比，统计学方法常通过建立气象因子与降水的统计模型开展降水预报，其不受数值模式可预报性的限制，且使用灵活，对计算资源的要求较低。目前，统计学方法在筛选气象因子时，主要是基于延伸期降水的可预报性来源进行选择。然而，由于目前对延伸期降水机理的了解和研究仍比较有限，所以这些因子对延伸期降水的解释程度不足，难以进一步延长其预报时效。因此，延伸期径流预报仍是科学研究和业务应用关注的重点与难点。

1.4　本书的研究区域及主要研究内容

1.4.1　研究区域

本书以天生桥一级水库（简称天一水库）上游流域（简称天一流域）为研究区域，研究水电站群多尺度气象水文耦合的径流预报方法。天一水库位于红水河上游南盘江流域，坐落于贵州安龙和广西隆林的交界处，是红水河流域水电开发的第一级、国家"西电东送"的龙头水库。天一水库的电能通过天广交直流线路送至广东电网和广西电网，增强了广东、广西、贵州、云南的互联电网，其地位十分重要，是较早实施国家"西电东送"战略的龙头工程。南盘江流域属亚热带季风气候区，干湿季节变化明显，容易发生季节性干旱,夏半年(5~10月)因受西南季风的影响,湿润多雨;冬半年(11月~次年4月)经常受干暖大陆气团的影响,出现干季。

天一水库为红水河上具有不完全多年调节能力的龙头水库,以发电为主要任务。在实际水库运行过程中,径流预报的准确性对调度结果有着重要影响,由于天一水库流域特性及水文条件较为特殊,常规的降水径流预报模型精度不高,达不到理想的预报效果,从而直接或间接影响其效益;同时,由于下游天生桥二级水库为不完全日调节水库,对天一水库的出库极其敏感,天一水库来水预报精度较低将直接导致天生桥二级水库弃水或在低水头运行。因此,提高不同预见期下天一水库流域降水预报精度、耦合降水预报信息并结合流域水文特性构建天一水库分区径流预报模型、提高不同预见期下径流预报的精度对天一水库的调度运行至关重要。

天一水库的汇水区域如图1-1所示,覆盖范围为102.2°E~105.2°E,23.1°N~26.0°N。流域上游水库众多,其中云鹏水库和鲁布革水库是本书径流预报中考虑的大型水库。

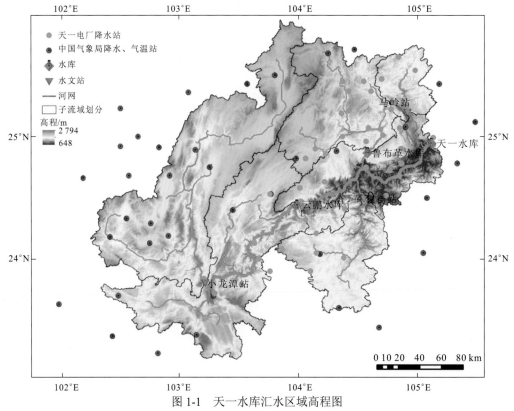

图1-1 天一水库汇水区域高程图

"天一电厂"全称为"天生桥一级水电开发有限责任公司水力发电厂",为方便表述,以下均简称为"天一电厂"

1.4.2 研究内容

本书所构建的水电站群(天生桥一级水电站、云鹏水电站、鲁布革水电站)气象水文耦合的多尺度径流预报模型的技术路线如图1-2所示,具体研究内容包括如下几个方面。

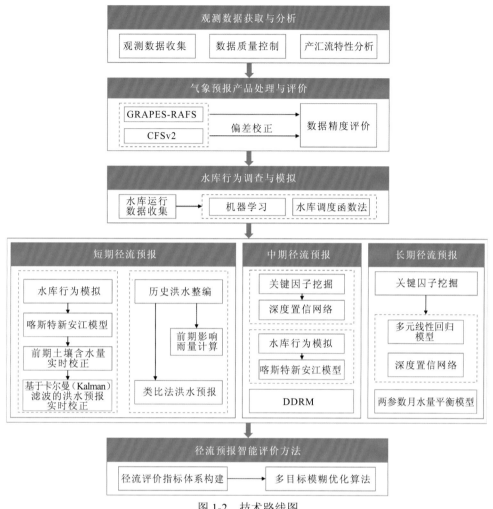

图 1-2　技术路线图

DDRM 指基于数字高程模型的分布式水文模型（digital elevation model-based distributed rainfall-runoff model）

（1）短、中、长期气象预报后处理：获取天一流域多尺度气象预报产品，在进行精度评估和误差分析的基础上，提出了气象预报后处理方法/偏差校正方法，并评估了不同方法对降水和气温预报偏差进行校正的表现。

（2）水库行为模拟：为了考虑上游水库（云鹏水库、鲁布革水库）调蓄对天一水库径流预报的影响，在开展径流预报之前首先对上游水库调蓄行为进行模拟，即依据云鹏水库和鲁布革水库的入库流量等信息模拟水库的出库流量；本书分别采用机器学习和水库调度函数法在小时与日尺度模拟水库的调蓄行为，建立水库行为模拟模型，并将其应用于短期和中期径流预报。

（3）短期径流预报：建立基于喀斯特新安江模型的分区短期径流预报方法，结合基于后处理的短期气象预报及小时尺度水库行为模拟，开展分区短期径流预报；考虑水电站的自动化运行需要，从前期土壤含水量的实时校正和基于卡尔曼滤波的洪水预报实时校正技术出发，提出降水径流预报模型参数自动率定及预报误差实时修正的方法。

（4）中期径流预报：采用三种方法开展中期径流预报，具体包括：挖掘影响中期径流预报模型精度的关键因子，建立基于机器学习的中期径流预报模型；基于喀斯特新安江模型，结合基于后处理的中期气象预报数据，开展中期径流预报，并在预报中融入日尺度的水库行为模拟；建立 DDRM，结合基于后处理的中期气象预报数据，开展中期径流预报。

（5）长期径流预报：采用三种方法开展长期径流预报，具体包括：挖掘影响长期径流预报模型精度的关键因子，建立基于多元线性回归模型的长期径流预报模型；挖掘影响长期径流预报模型精度的关键因子，建立基于机器学习的长期径流预报模型；基于两参数月水量平衡模型，结合基于后处理的长期气象预报数据，开展长期径流预报。

（6）径流预报评价体系：结合电厂和电网的需求，建立不同尺度径流评价指标体系，采用多目标模糊优化算法，综合评价不同尺度径流预报的精度。

1.4.3　数据资料

为了满足构建径流预报模型的数据需要，收集了多种来源的气象水文数据，包括天一电厂、中国气象局和水利部珠江水利委员会水文水资源局（简称珠委水文局）提供的数据资料（表 1-1），站点的分布如图 1-3 和图 1-4 所示。其中，气象数据包括由天一电厂提供的流域内 45 个降水站逐小时降水观测数据、由珠委水文局提供的流域内 428 个降水站逐小时和逐日降水观测数据、由中国气象局提供的流域内及周边 38 个气象站逐小时气温与降水观测数据；水文数据包括由天一电厂提供的 3 个水文站（小龙潭站、猫街站、马岭站）逐小时水位和流量数据，3 个水库（天一水库、云鹏水库、鲁布革水库）逐小时坝前水位、入库流量、出库流量等数据，以及由珠委水文局提供的流域内 65 个水文站、68 个水位站和 52 个水库逐小时与逐日径流数据。由于珠委水文局径流数据系列较短且存在一定的缺测，因此本书中径流数据仍以天一电厂提供的站点数据为主，珠委水文局径流数据作为参考。天一电厂自有站点数据覆盖的时间范围如表 1-2 所示。

表 1-1　观测数据来源

类型	来源	存在的问题
气温	中国气象局	
降水	中国气象局	站点较少
	天一电厂	站点分布不均，上游缺少站点
	珠委水文局	数据系列较短、不连续
径流	珠委水文局	
	天一电厂 2020 年原始版本	部分站点流量异常振荡
	天一电厂 2021 年更新版本（小时资料）	部分站点流量异常振荡
	天一电厂 2021 年更新版本（日整编资料）	与小时数据不匹配

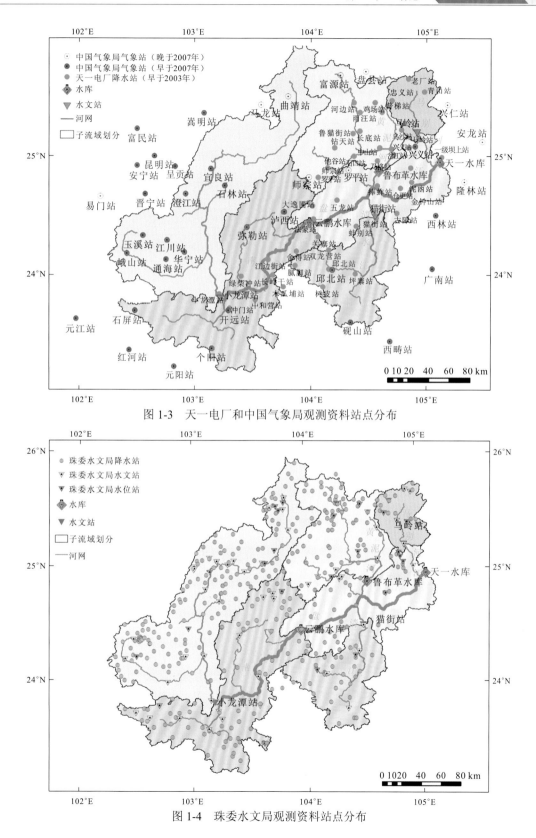

图 1-3 天一电厂和中国气象局观测资料站点分布

图 1-4 珠委水文局观测资料站点分布

表 1-2　观测数据信息

数据类型	测站/水库名称	变量	时间范围
天一电厂降水站	舍得站	降水	2001-03-13～2020-08-06
	江边街站	降水	2000-07-25～2020-08-05
	乃格站	降水	2002-03-18～2020-08-06
	捧蚱站	降水	2001-05-15～2020-08-06
	普梯站	降水	2000-07-13～2019-04-02
	长岭干站	降水	2000-12-03～2020-08-05
	法蒙站	降水	2000-08-03～2020-08-03
	双龙营站、兴义站、老厂站、树皮站、泥凼站、仓更站、古障站、金钟山站、小龙潭站、乌沙站、长底站、岔江站、中山站、石口站、钻天站、他谷站、罗平站、关寨站、邱北站、坪寨站、腻脚站、大逸圃站、马岭站、河边站、师宗站、五龙站、冲门站、木瓜埔站、中和营站、绿柴冲站、雨汪站、鸡场站、鲁猫街站、猫街站、忠义站、青山站、蚌别站、一级坝上站	降水	2000-07-18～2020-08-06
中国气象局气象站	富民站	气温	2007-01-01～2020-10-08
		降水	2008-01-01～2020-10-08
	马龙站、罗平站	气温	2008-01-01～2020-10-08
		降水	2012-01-01～2020-10-08
	曲靖站、富源站、隆林站	气温	2011-01-01～2020-10-08
		降水	2012-01-01～2020-10-08
	嵩明站、晋宁站	气温	2011-01-01～2020-10-09
		降水	2007-01-01～2020-10-08
	盘县站	气温	2005-01-01～2020-10-08
		降水	2014-01-01～2020-10-08
	安宁站、宜良站、邱北站	气温	2008-01-01～2020-10-08
		降水	2007-01-01～2020-10-08
	易门站	气温	2011-01-01～2020-10-08
		降水	2017-01-01～2020-10-08
	澄江站、弥勒站、开远站、西畴站、江川站、通海站	气温	2008-01-01～2020-10-08
		降水	2005-01-01～2020-10-08

续表

数据类型	测站/水库名称	变量	时间范围
中国气象局气象站	华宁站、个旧站、峨山站、西林站	气温	2011-01-01～2020-10-08
		降水	2005-01-01～2020-10-08
	石林站、呈贡站	气温	2011-01-01～2020-10-08
		降水	2007-01-01～2020-10-08
	师宗站	气温	2011-01-01～2020-10-08
		降水	2014-01-01～2020-10-08
	昆明站、泸西站、元江站、石屏站、红河站、元阳站、砚山站、兴义站、广南站、玉溪站	气温	2005-01-01～2020-10-08
		降水	
	兴仁站、安龙站	气温	2005-01-01～2020-10-08
		降水	2012-01-01～2020-10-08
水文站	小龙潭站	水位	2000-07-14～2020-08-09
		流量	
	马岭站	水位	2001-07-15～2020-08-09
		流量	2001-05-25～2020-06-21
	猫街站	水位	2000-07-13～2020-08-09
		流量	2000-12-01～2019-12-31
水库	鲁布革水库	坝前水位	2000-12-01～2019-12-31
		入/出库流量	2006-06-13～2019-12-31
	云鹏水库	坝前水位	2009-03-01～2019-12-31
		入/出库流量	2009-03-03～2020-09-02
	天一水库	坝前水位	2000-12-01～2019-12-31
		入/出库流量	2003-01-01～2020-12-30

根据收集到的数据情况，以及径流预报的需要，天一流域被划分为6个子流域或区间（图1-3），分别是由小龙潭站控制的小龙潭子流域、小龙潭站至云鹏水库的云鹏区间、由鲁布革水库控制的鲁布革子流域、由猫街站控制的猫街子流域、由马岭站控制的马岭子流域，以及云鹏水库至天一水库的天一区间。

在数据收集的基础上，对不同来源的数据资料进行了质量校核和预处理。例如，在数据质量校核方面，使用日降水资料比对核验小时降水资料，逐个确定各小时降水站的可用时段，在月尺度上核验站点降水量与邻近站点的一致性，同时对比不同来源数据资料的可靠性，以确定最优数据资料。在数据预处理方面，采用泰森（Thiessen）多边形法计算分区面雨量数据，采用高斯滤波对观测径流数据进行平滑处理等，由于采用的方法均为对气象水文资料进行处理的常规方法，在本书中不展开叙述。

参 考 文 献

包红军, 赵琳娜, 2012. 基于集合预报的淮河流域洪水预报研究[J]. 水利学报, 43(2): 216-224.

包红军, 王莉莉, 沈学顺, 等, 2016. 气象水文耦合的洪水预报研究进展[J]. 气象, 42(9): 1045-1057.

代刊, 朱跃建, 毕宝贵, 2018. 集合模式定量降水预报的统计后处理技术研究综述[J]. 气象学报, 76(4): 493-510.

董磊华, 熊立华, 于坤霞, 等, 2012. 气候变化与人类活动对水文影响的研究进展[J]. 水科学进展, 23(2): 278-285.

杜钧, 2002. 集合预报的现状和前景[J]. 应用气象学报, 13(1): 16-28.

段青云, 叶爱中, 2012. 改善水文气象预报的统计后处理[J]. 水资源研究, 1: 161-168.

胡胜, 罗聪, 黄晓梅, 等, 2012. 基于雷达外推和中尺度数值模式的定量降水预测的对比分析[J]. 气象, 38(3): 274-280.

雷晓辉, 王浩, 廖卫红, 等, 2018. 变化环境下气象水文预报研究进展[J]. 水利学报, 49(1): 9-18.

李鸿雁, 薛丽君, 王红瑞, 等, 2015. 流域中长期径流分类预报方法[J]. 南水北调与水利科技, 13(5): 999-1004.

李伶杰, 王银堂, 胡庆芳, 等, 2020. 基于随机森林与支持向量机的水库长期径流预报[J]. 水利水运工程学报(4): 33-40.

郦于杰, 梁忠民, 唐甜甜, 2018. 基于支持向量回归机的长期径流预测及不确定性分析[J]. 南水北调与水利科技, 16(3): 45-50.

林锐, 泮苏莉, 刘莉, 等, 2017. 耦合降水预报和多目标参数优化的洪水预报方法[J]. 水力发电学报, 36(10): 27-34.

刘艳丽, 2008. 径流预报模型不确定性研究及水库防洪风险分析[D]. 大连: 大连理工大学.

苗秋菊, 徐祥德, 张雪金, 2002. 长江中下游旱涝的环流型与赤道东太平洋海温遥相关波列特征[J]. 气象学报, 60(6): 688-697.

穆穆, 陈博宇, 周菲凡, 等, 2011. 气象预报的方法与不确定性[J]. 气象, 37(1): 1-13.

彭涛, 李俊, 殷志远, 等, 2010. 基于集合降水预报产品的汛期洪水预报试验[J]. 暴雨灾害, 29(3): 274-278.

平凡, 罗哲贤, 琚建华, 2006. 长江流域汛期降雨年代际和年际尺度变化影响因子的差异[J]. 科学通报,

51(1): 104-109.

齐艳军, 容新尧, 2014. 次季节-季节预报的应用前景[J]. 气象科技进展, 4(3): 74-75.

钱正英, 张光斗, 2001. 中国可持续发展水资源战略研究综合报告及各专题报告[M]. 北京: 中国水利水
电出版社.

宋晓猛, 张建云, 占车生, 等, 2013. 气候变化和人类活动对水文循环影响研究进展[J]. 水利学报, 44(7):
779-790.

唐国磊, 2009. 考虑径流预报及其不确定性的水电站水库调度研究[D]. 大连: 大连理工大学.

王海霞, 智协飞, 2015. 基于 TIGGE 多模式降水量预报的统计降尺度研究[J]. 气象科学, 35(4): 430-437.

王遵娅, 丁一汇, 何金海, 等, 2004. 近 50 年来中国气候变化特征的再分析[J]. 气象学报, 62(2): 228-236.

吴息, 程炳岩, 孙卫国, 2001. 利用奇异值分解法对河南降水与 El Nino 区域海温遥相关的分析[J]. 气象
科学, 21(3): 343-347.

夏军, 王惠筠, 甘瑶瑶, 等, 2019. 中国暴雨洪涝预报方法的研究进展[J]. 暴雨灾害, 38(5): 416-421.

徐静, 叶爱中, 毛玉娜, 等, 2014. 水文集合预报研究与应用综述[J]. 南水北调与水利科技, 12(1): 82-87.

许崇育, 陈华, 郭生练, 2013. 变化环境下水文模拟的几个关键问题和挑战[J]. 水资源研究, 2(2): 85-95.

叶爱中, 段青云, 徐静, 等, 2015. 基于 GFS 的飞来峡流域水文集合预报[J]. 气象科技进展, 5(3): 57-61.

油芳芳, 彭勇, 徐炜, 等, 2015. ECMWF 降雨集合预测在水库优化调度中的应用研究[J]. 水力发电学报,
34(5): 27-34.

张利平, 王德智, 夏军, 2002. 白山水库径流中长期预测研究与应用[J]. 水电能源科学, 20 (1): 18-20.

张利平, 陈小凤, 赵志鹏, 等, 2008. 气候变化对水文水资源影响的研究进展[J]. 地理科学进展, 27(3):
60-67.

祝诗学, 梁忠民, 戴昌军, 等, 2016. 丹江口水库流域月尺度降雨与径流预报研究[J]. 南水北调与水利
科技, 14(10): 96-101.

ALESSANDRI A, BORRELLI A, NAVARRA A, et al., 2011. Evaluation of probabilistic quality and value of
the ENSEMBLES multimodel seasonal forecasts: Comparison with DEMETER[J]. Monthly weather
review, 139(2): 581-607.

ALFIERI L, PAPPENBERGER F, WETTERHALL F, et al., 2014. Evaluation of ensemble streamflow
predictions in Europe[J]. Journal of hydrology, 517: 913-922.

BAO H J, ZHAO L N, HE Y, et al., 2011. Coupling ensemble weather predictions based on TIGGE database
with Grid-Xinanjiang model for flood forecast[J]. Advances in geosciences, 29: 61-67.

BRÖCKER J, SMITH L A, 2008. From ensemble forecasts to predictive distribution functions[J]. Tellus A:
Dynamic meteorology and oceanography, 60(4): 663-678.

CHEN J, BRISSETTE F P, LI Z, 2014. Postprocessing of ensemble weather forecasts using a stochastic
weather generator[J]. Monthly weather review, 142: 1106-1124.

CHEN J, LI X Q, XU C Y, et al., 2022. Postprocessing ensemble weather forecasts for introducing multisite and multivariable correlations using rank shuffle and copula theory[J]. Monthly weather review, 150(3): 551-565.

CLOKE H L, PAPPENBERGER F, 2009. Ensemble flood forecasting: A review[J]. Journal of hydrology, 375(3/4): 613-626.

EMERTON R E, STEPHENS E M, PAPPENBERGER F, et al., 2016. Continental and global scale flood forecasting systems[J]. Wiley interdisciplinary reviews: Water, 3(3): 391-418.

GNEITING T, RAFTERY A E, 2005. Weather forecasting with ensemble methods[J]. Science, 310(5746): 248-249.

GNEITING T, WESTVELD III A H, RAFTERY A E, et al., 2005. Calibrated probabilistic forecasting using ensemble model output statistics and minimum CRPS estimation[J]. Monthly weather review, 133(5): 1098-1118.

HAMILL T M, 2001. Interpretation of rank histograms for verifying ensemble forecasts[J]. Monthly weather review, 129(3): 550-560.

HAO Z C, SINGH V P, XIA Y L, 2018. Seasonal drought prediction: Advances, challenges, and future prospects[J]. Reviews of geophysics, 56(1): 108-141.

HE Y, WETTERHALL F, CLOKE H L, et al., 2009. Tracking the uncertainty in flood alerts driven by grand ensemble weather predictions[J]. Meteorological applications, 16(1): 91-101.

JIE W H, VITART F, WU T W, et al., 2017. Simulations of the Asian summer monsoon in the sub-seasonal to seasonal prediction project (S2S) database[J]. Quarterly journal of the royal meteorological society, 143(706): 2282-2295.

KEUNE J, OHLWEIN C, HENSE A, 2014. Multivariate probabilistic analysis and predictability of medium-range ensemble weather forecasts[J]. Monthly weather review, 142(11): 4074-4090.

KIM H M, WEBSTER P J, CURRY J A, 2012. Seasonal prediction skill of ECMWF System 4 and NCEP CFSv2 retrospective forecast for the northern hemisphere winter[J]. Climate dynamics, 39(12): 2957-2973.

KRSTANOVIC P F, SINGH V P, 1991. A univariate model for long-term streamflow forecasting[J]. Stochastic hydrology and hydraulics, 5(3): 173-188.

LEUTBECHER M, PALMER T N, 2008. Ensemble forecasting[J]. Journal of computational physics, 227(7): 3515-3539.

LI W T, DUAN Q Y, MIAO C Y, et al., 2017. A review on statistical postprocessing methods for hydrometeorological ensemble forecasting[J]. Wiley interdisciplinary reviews: Water, 4(6): e1246.

LI X Q, CHEN J, XU C Y, et al., 2019. Performance of post-processed methods in hydrological predictions evaluated by deterministic and probabilistic criteria[J]. Water resources management, 33(9): 3289-3302.

LIANG P, LIN H, 2018. Sub-seasonal prediction over East Asia during boreal summer using the ECCC monthly forecasting system[J]. Climate dynamics, 50(3): 1007-1022.

MOHAMMADI K, ESLAMI H R, KAHAWITA R, 2006. Parameter estimation of an ARMA model for river flow forecasting using goal programming[J]. Journal of hydrology, 331(1): 293-299.

PATTANAIK R D, MUKHOPADHYAY B, KUMAR A, 2012. Monthly forecast of Indian southwest monsoon rainfall based on NCEP's coupled forecast system[J]. Atmospheric and climate sciences, 2: 479-491.

PENG Z L, WANG Q J, BENNETT J C, et al., 2014. Statistical calibration and bridging of ECMWF System 4 outputs for forecasting seasonal precipitation over China[J]. Journal of geophysical research: Atmospheres, 119(12): 7116-7135.

PIECHOTA T C, CHIEW F H, DRACUP J A, et al., 2001. Development of an exceedance probability streamflow forecast[J]. Journal of hydrologic engineering, 6(1): 20-28.

RAFTERY A E, GNEITING T, BALABDAOUI F, et al., 2005. Using Bayesian model averaging to calibrate forecast ensembles[J]. Monthly weather review, 133(5): 1155-1174.

ROULIN E, VANNITSEM S, 2012. Postprocessing of ensemble precipitation predictions with extended logistic regression based on hindcasts[J]. Monthly weather review, 140(3): 874-888.

SAHA S, MOORTHI S, WU X R, et al., 2014. The NCEP climate forecast system version 2[J]. Journal of climate, 27(6): 2185-2208.

SANG Y F, 2013. A review on the applications of wavelet transform in hydrology time series analysis[J]. Atmospheric research, 122: 8-15.

SITTICHOK K, DJIBO A G, SEIDOU O, et al., 2016. Statistical seasonal rainfall and streamflow forecasting for the Sirba watershed, West Africa, using sea-surface temperatures[J]. Hydrological sciences journal, 61(5): 805-815.

TIAN D, WOOD E F, YUAN X, 2017. CFSv2-based sub-seasonal precipitation and temperature forecast skill over the contiguous United States[J]. Hydrology and earth system sciences, 21(3): 1-24.

VITART F, ARDILOUZE C, BONET A, et al., 2017. The subseasonal to seasonal (S2S) prediction project database[J]. Bulletin of the American meteorological society, 98(1): 163-173.

WANG L, YUAN X J, TING M F, et al., 2016. Predicting summer arctic sea ice concentration intraseasonal variability using a vector autoregressive model[J]. Journal of climate, 29(4): 1529-1543.

WANG J Z, CHEN J, DU J, et al., 2018. Sensitivity of ensemble forecast verification to model bias[J]. Monthly weather review, 146(3): 781-796.

WILKS D S, 2006. Comparison of ensemble-MOS methods in the Lorenz'96 setting[J]. Meteorological applications, 13(3): 243-256.

WILKS D S, HAMILL T M, 2007. Comparison of ensemble-MOS methods using GFS reforecasts[J]. Monthly weather review, 135(6): 2379-2390.

WILLIAMS R M, 2016. Statistical methods for post-processing ensemble weather forecasts[D]. Exeter: University of Exeter.

YUAN X, WOOD E F, ROUNDY J K, et al., 2013. CFSv2-based seasonal hydroclimatic forecasts over the conterminous United States[J]. Journal of climate, 26(13): 4828-4847.

第2章 短、中、长期气象预报精度评价与后处理

气象水文耦合径流预报的成功与否在很人程度上取决于气象预报产品的精度。为了识别并提高径流预报产品的精度，首先需要评价气象预报产品的精度，优选出适合所在流域或区域的气象预报产品。同时，由于从全球气象预报产品中获得的降水、气温等预报数据空间分辨率较低，且存在较大的偏差，在为特定流域提供高精度降水和气温预报时，需要对气象预报产品的原始输出进行后处理或偏差校正（刘永和 等，2011；范丽军 等，2005），以进一步提升预报结果的可靠性并延长有效预见期。本章首先选用常用的气象预报产品，基于历史时段的回算预报信息，采用一系列统计指标评价其对天一流域降水和气温的回算预报能力。在此基础上，采用两种类型的偏差校正方法对不同时间尺度的降水和气温预报进行后处理，其中包括基于均值的校正方法和基于概率分布的校正方法。

2.1 气象预报产品简介

本书中所使用的气象预报产品有中国国家气象中心自主研发的 GRAPES-RAFS（庄照荣和李兴良，2021；庄照荣 等，2020）、美国国家海洋和大气管理局（National Oceanic and Atmospheric Administration，NOAA）的第二代全球集合预报系统（global ensemble forecast system version 2，GEFSv2）（Shah and Mishra，2016）、北美多模型集合（North American Multi-Model Ensemble，NMME）计划中的 CFSv2（Wang et al.，2016；Sittichok et al.，2016），以及美国国家航空航天局（National Aeronautics and Space Administration，NASA）的全球地球观测系统（global earth observation system of systems，GEOSS）（顾行发 等，2018）。以下分别对四种气象预报产品进行简单的介绍。

2.1.1 GRAPES-RAFS

我国气象部门自主研发的 GRAPES-RAFS 是在 GRAPES-Meso 4.0 的基础上，于 2015 年建立起来的覆盖我国东部地区 3 km 水平分辨率的数值预报试验系统。2019 年，GRAPES-RAFS 将我国西部地区纳入，其预报范围覆盖全国，并开始投入业务化运行。GRAPES-RAFS 根据实况观测同化资料，每日做出 8 次更新预报，预报时效为 0～36 h，空间分辨率为 3 km×3 km，大大提高了对极端天气、强风暴天气的描述和预报能力，其业务化运行标志着我国自主研发的高分辨率区域数值气象预报模式进入新阶段。GRAPES-RAFS 在天一流域的网格分布如图 2-1 所示。

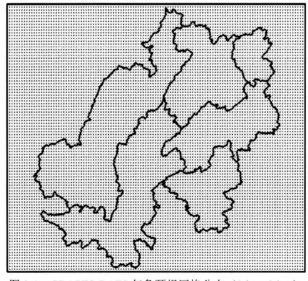

图 2-1　GRAPES-RAFS 气象预报网格分布（3 km×3 km）

2.1.2 GEFSv2

GEFSv2 是 NOAA 发布的一款全球集合预报产品，该数据集提供未来 16 天内（包括预报发布当日）的气象预报结果，其中：在 0~7 天内，预报时间间隔为 3 h；在 8~15 天内，预报时间间隔为 6 h。该数据提供 11 个成员的预报结果，包括 1 个控制成员和 10 个扰动成员。该数据集的开始时间为 1984 年 12 月，其空间分辨率包括 1°×1° 和 0.5°×0.5°。本书所使用的 GEFSv2 的空间分辨率为 0.5°×0.5°，约 50 km×50 km，其在天一流域的网格分布如图 2-2 所示。

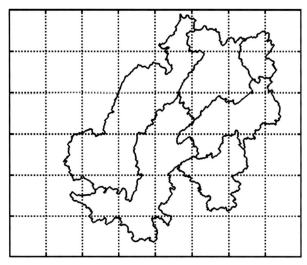

图 2-2　GEFSv2 气象预报网格分布（约 50 km×50 km）

2.1.3 CFSv2

NCEP 研发的新一代气候预测系统——CFSv2 是一个全耦合的海洋-陆地-大气动力季节预测模式，其大气部分采用 NCEP 的全球预报系统（global forecast system，GFS），海洋部分采用美国地球物理流体动力学实验室（Geophysical Fluid Dynamics Laboratory，GFDL）的第四代模块化海洋模式，陆地部分采用四层 Noah 陆面模式。该模式具有两种预报长度的业务化预报产品：①时间分辨率为 1 个月，具有 120 个成员，预报长度为 9 个月；②时间分辨率为 6 h，具有 1 个成员，预报长度为 45 天。以往研究表明，CFSv2 对东亚夏季持续性强降雨过程中的主要大气环流有一定的预报效果。本书所使用的 CFSv2 的空间分辨率为 0.9°×0.9°，约 90 km×90 km，其在天一流域的网格分布如图 2-3 所示。

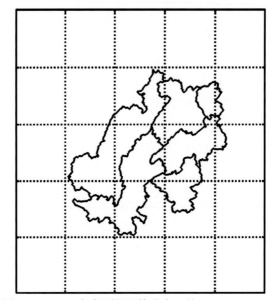

图 2-3　CFSv2 气象预报网格分布（约 90 km×90 km）

2.1.4　GEOSS

GEOSS 在成功应用于季节性预测工作，以及为多系统集成项目做出贡献方面有着悠久的历史。该系统于 2011 年启动以来，就是 NMME 计划的参与模型。该数据集的开始时间为 1981 年，能够提供未来 8 个月内的气象预报，其空间分辨率为 1°×1°，约 100 km×100 km，时间分辨率为 1 个月，其在天一流域的网格分布如图 2-4 所示。

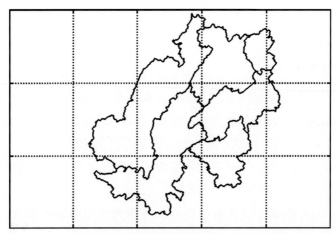

图 2-4　GEOSS 气象预报网格分布（约 100 km×100 km）

以上四种气象预报产品应用较为广泛，且具有多个不同时间分辨率的降水预报产品，能够满足开展不同时间尺度径流预报的需求。四种气象预报产品的基本情况见表 2-1。

表 2-1　气象预报产品的基本情况

项目	GRAPES-RAFS	GEFSv2	CFSv2	GEOSS
来源	中国国家气象中心	NOAA	NCEP	NASA
预见期	0～36 h	0～15 天	0～45 天、0～9 月	0～8 月
空间分辨率	3 km×3 km	0.5°×0.5°	0.9°×0.9°	1°×1°
时间分辨率	1 h	3 h 或 6 h	6 h、1 月	1 月
数据时间长度	2019 年至今	1984 年 12 月至今	1982 年至今	1981 年至今
适用预报尺度	小时尺度	小时尺度、日尺度	小时尺度、日尺度、月尺度	月尺度

2.2　气象预报产品精度评价

2.2.1　气象预报精度评价指标

在使用气象预报产品进行径流预报之前，需要对其进行精度评价。本节采用的评价指标主要包括：平均绝对误差（MAE）、平均相对误差（MRE）、TS 评分、水利部长江水利委员会水文局作业预报中所采用的评分法（简称"长江委"评分法）得分。其中，MAE 和 MRE 用于反映预报值与实测值的偏差程度，其值越小，预报效果越好；TS 评分用于检验预报正确次数与预报总次数的百分比，其值可能的范围为[0, 1]，TS 评分越高，表示预报效果越好；"长江委"评分法得分用于评价预报的总体效果，其值可能的范围为[0, 100]，得分越高，表示预报效果越好。具体来说，MAE 用于评价气温预报的效果；MRE 用于评价月尺度降水预报的效果；TS 评分和"长江委"评分法得分则用于评价小时和日尺度降水预报的效果。上述各评价指标的表达式如下。

（1）平均绝对误差（MAE）。

$$\text{MAE} = \frac{1}{h}\sum_{i=1}^{h}\left|f_i - o_i\right| \tag{2-1}$$

（2）平均相对误差（MRE）。

$$\text{MRE} = \frac{\sum_{i=1}^{h}\left|f_i - o_i\right|}{\sum_{i=1}^{h}o_i} \tag{2-2}$$

（3）TS 评分。

$$\text{TS} = \frac{n_{11}}{n_{11} + n_{01} + n_{10}} \tag{2-3}$$

式中：f_i 为预报值；o_i 为实测值；h 为序列长度；n_{11} 为降水预报准确次数；n_{01} 为降水漏报次数；n_{10} 为降水空报次数。n_{11}、n_{01}、n_{10} 具体见表 2-2。

表 2-2　降水预报检验分类

预报	实测	
	有降水	无降水
有降水	n_{11}	n_{10}
无降水	n_{01}	n_{00}

注：n_{00} 为无降水预报准确次数。

（4）"长江委"评分法得分。

根据中国气象局提出的规范《江河流域面雨量等级》（GB/T 20486—2017），以 24 h 面雨量为依据对降水进行等级划分，分别以 0.1 mm、6 mm、15 mm、30 mm 为临界降水量，将降水划分为小雨、中雨、大雨、暴雨四个等级。在降水等级划分的基础上计算"长江委"评分法得分。

$$得分 = \begin{cases} 100 - \dfrac{(实测降雨等级下限 - 预报值)}{实测降雨等级区间宽度} \times 100, & 预报值 < 实测降雨等级下限 \\ 100, & 预报值落在实测降雨等级区间 \\ 100 - \dfrac{(预报值 - 实测降雨等级上限)}{实测降雨等级区间宽度} \times 100, & 预报值 > 实测降雨等级上限 \end{cases} \quad (2\text{-}4)$$

根据式（2-4）计算的"长江委"评分法得分若低于 0 分，则取 0 分。

2.2.2　降水预报精度评价结果

1. 小时降水预报精度评价

本节选择 GRAPES-RAFS 用于小时降水预报，用于评价的数据为 2019 年 11 月 9 日～2020 年 9 月 30 日四个发起点（0 时、6 时、12 时、18 时）的小时降水预报，水平空间分辨率为 3 km。对于 GRAPES-RAFS 在全流域及各个子流域预报的逐小时数据，取降雨阈值为 0.1 mm，使用 TS 评分进行评价，评价结果如图 2-5 所示。全流域 TS 评分总体在 0.2～0.4，预报效果较好，其中云鹏区间、鲁布革子流域、天一区间 TS 评分较高。在预

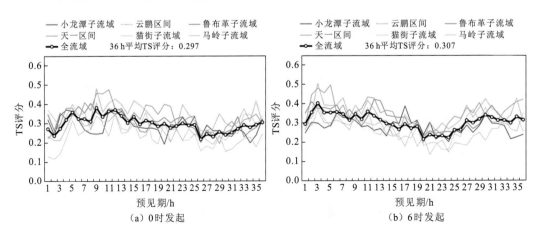

（a）0 时发起　　　　　　　　（b）6 时发起

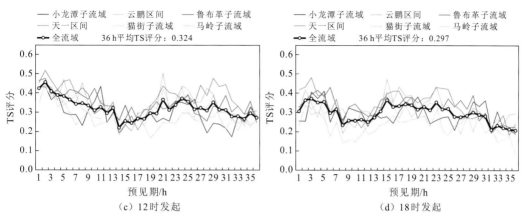

图 2-5　GRAPES-RAFS 逐小时预报结果 TS 评分

见期内前 12 h，12 时发起的预报结果 TS 评分较其他发起点的预报结果 TS 评分更高，预见期 36 h 平均 TS 评分为 0.324。

　　将 GRAPES-RAFS 逐小时预报结果累加为 6 h，采用"长江委"评分法进行评价，结果如图 2-6 所示。结果显示，全流域预见期内得分在 80 分左右，且得分随预见期变长整体呈下降趋势。对于不同子流域，鲁布革子流域、云鹏区间、猫街子流域得分较高。在 36 h 预见期内，12 时、18 时发起的预报结果得分较高，6 时发起的预报结果得分较低。

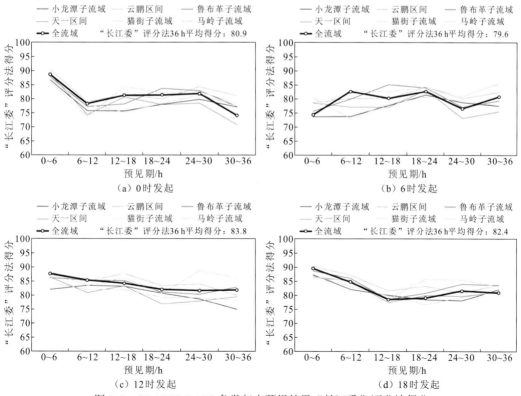

图 2-6　GRAPES-RAFS 各发起点预报结果"长江委"评分法得分

为进一步检验预报效果，将 GRAPES-RAFS 的预报结果累加到日，与实测结果进行比较。GRAPES-RAFS 预报的逐小时数据累加到日的降雨过程如图 2-7 所示。可以看出，GRAPES-RAFS 对降雨的预报效果整体较好，基本捕捉到了所有较大的降雨，但预报值总体偏大，后续需要进行偏差校正。

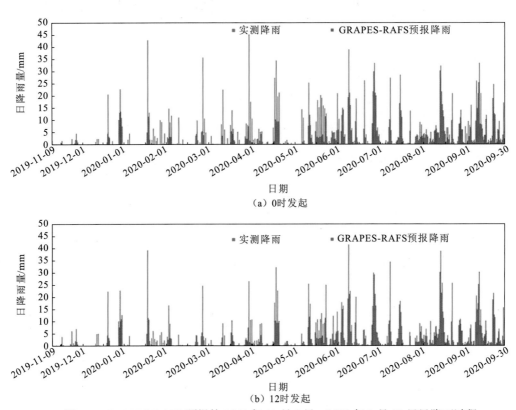

图 2-7　GRAPES-RAFS 预报的 2019 年 11 月 9 日～2020 年 9 月 30 日日降雨过程

2. 日降水预报精度评价

本节选择两种气象预报产品用于日降水预报，分别为 CFSv2 和 GEFSv2。用于评价的数据为 2007～2019 年的日降水预报，空间分辨率分别为 0.9°×0.9° 和 0.5°×0.5°。本节基于泰森多边形计算得到各子流域 24 h 面平均降雨量，分别在各子流域对降水预报产品进行评价。根据"长江委"评分法计算得到的 CFSv2 和 GEFSv2 日降水预报得分随预见期的变化情况如图 2-8 所示。由图 2-8 可知，在各子流域内两种气象预报产品对日降水进行预报的得分均随预见期的增长而下降，即日降水预报效果随预见期的增长而下降。其中，GEFSv2 的日降水预报在各子流域内的得分在 40～70 分，而 CFSv2 的得分总体在 40～50 分。总体而言，在预见期 15 天内，GEFSv2 在各子流域内对日降水进行预报的表现均优于 CFSv2，在小龙潭子流域尤为明显。

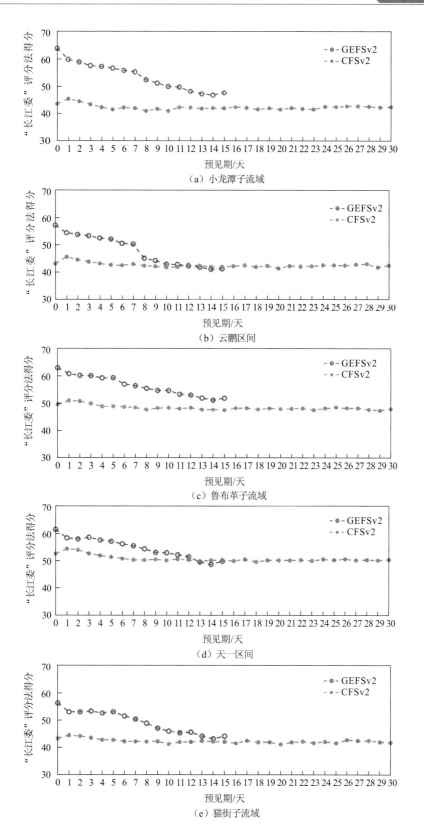

（a）小龙潭子流域

（b）云鹏区间

（c）鲁布革子流域

（d）天一区间

（e）猫街子流域

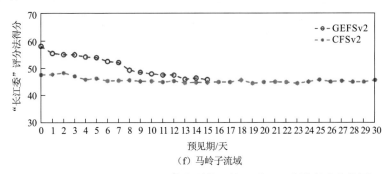

（f）马岭子流域

图 2-8　CFSv2 和 GEFSv2 日降水预报"长江委"评分法得分变化图

为了更加具体地展现 CFSv2 和 GEFSv2 在天一流域内对日降水过程进行预报的表现，本节选取了枯水年（2011 年）和丰水年（2017 年）汛期的两个降水过程（分别为 2011 年 6 月和 2017 年 7 月）展示了预见期第 15 天降水预报产品的预报结果，如表 2-3 和表 2-4 所示。其中，以柱状图的形式单独展示了云鹏区间的结果，如图 2-9 和图 2-10 所示。总体而言，GEFSv2 和 CFSv2 均较好地捕捉到了云鹏区间 2011 年 6 月、2017 年 7 月这两个降水过程。但与实测降水相比，GEFSv2 和 CFSv2 均高估了 2011 年 6 月云鹏区间的降水，GEFSv2 尤为明显，CFSv2 降水预报的得分为 67.79，GEFSv2 降水预报的得分为 50.35。在 2017 年 7 月对云鹏区间的降水预报中，CFSv2 降水预报的得分为 75.43，GEFSv2 降水预报的得分为 72.84。结合表 2-3 和表 2-4 的结果可以看出，总体上，在预见期第 15 天，CFSv2 在天一流域内对这两个降水过程进行预报的表现略优于 GEFSv2。

此外，为了评估 CFSv2 和 GEFSv2 对日降水进行预报的准确性，本节对不同等级降水的预报结果进行了 TS 评分，如图 2-11 所示。由图 2-11 可知，两种降水预报产品的 TS 评分在各个子流域内均随着预见期的增长、降水量级的增加而减小，GEFSv2 在预见期 15 天内的表现略优于 CFSv2。

3. 月降水预报精度评价

本节选择 CFSv2 和 GEOSS 用于月降水预报评价，用于评价的数据的时间跨度为 2007～2019 年，CFSv2 和 GEOSS 月降水预报数据的空间分辨率均为 1°×1°左右。通过泰森多边形法分别计算实测和预报的各子流域面雨量，并计算不同预见期的平均相对误差，结果如图 2-12 所示。总体而言，两种气象预报产品的月降水预报能力均随预见期的增长而逐渐下降，但下降幅度较小，说明它们的预报能力较为稳定。CFSv2 和 GEOSS 月降水预报的平均相对误差在小龙潭子流域与云鹏区间较大，最大平均相对误差分别达到 120%和 100%，GEOSS 对月降水进行预报的表现略优于 CFSv2。

表 2-3　2011 年 6 月各子流域降水预报结果及得分表

项目		降水量/mm 6月1日	6月2日	6月3日	6月4日	6月5日	6月6日	6月7日	6月8日	6月9日	6月10日	6月11日	6月12日	6月13日	6月14日	6月15日	6月16日	6月17日	6月18日	6月19日	6月20日	6月21日	6月22日	6月23日	6月24日	6月25日	6月26日	6月27日	6月28日	6月29日	6月30日	得分
小龙潭子流域	实测值	2.49	8.52	0.00	0.00	0.00	7.06	8.53	0.25	0.04	2.69	9.23	6.28	1.88	5.44	5.12	0.96	0.07	11.38	10.35	2.38	0.00	0.20	10.88	0.00	0.00	0.20	9.82	3.91	17.38	3.44	—
	CFSv2 预报值	0.36	6.44	1.71	7.58	6.38	3.48	4.76	9.36	1.26	4.39	3.94	7.04	2.22	17.15	1.83	2.34	2.75	7.60	1.57	18.50	6.35	4.18	12.68	9.16	5.96	4.30	5.93	4.47	5.87	6.43	61.80
	GEEFSv2 预报值	5.75	7.79	7.81	28.46	9.31	6.19	6.17	4.11	19.92	48.74	53.90	25.13	30.92	3.81	4.14	2.88	21.96	1.33	1.46	7.37	2.85	4.02	3.46	2.62	3.22	6.22	6.97	1.79	8.28	18.13	49.91
云鹏区间	实测值	3.08	7.18	0.72	0.00	0.06	0.54	6.85	0.84	0.27	0.38	8.75	11.15	3.44	1.01	1.68	0.62	0.00	8.70	7.64	1.37	0.05	0.39	11.49	0.02	1.33	2.80	19.46	9.12	5.07	4.52	—
	CFSv2 预报值	0.62	2.50	0.37	3.28	5.86	2.99	5.90	15.78	8.68	8.85	4.88	5.52	3.96	9.08	2.47	1.99	3.70	7.88	0.53	5.70	3.54	2.89	10.40	13.45	5.35	4.71	7.04	3.05	5.93	6.24	67.79
	GEEFSv2 预报值	6.42	8.07	8.41	14.81	15.30	7.98	18.36	4.86	16.16	18.02	39.53	16.14	21.27	2.94	4.86	7.77	17.17	1.49	2.52	8.37	3.30	3.59	3.96	4.35	2.96	4.62	13.71	2.09	66.07	14.41	50.35
鲁布革子流域	实测值	2.77	6.34	0.11	0.00	1.81	33.71	9.87	0.34	0.23	12.96	5.00	11.25	2.36	6.71	14.43	5.19	0.19	11.14	2.05	6.56	0.61	1.08	29.17	0.14	0.04	3.46	6.23	1.59	2.19	1.76	—
	CFSv2 预报值	0.95	12.77	4.25	8.20	6.09	4.40	9.74	9.83	2.25	8.17	2.65	16.46	1.68	18.46	3.71	3.87	4.15	14.97	3.79	27.33	13.78	7.84	11.91	12.11	6.52	9.41	12.86	7.23	5.30	8.12	59.44
	GEEFSv2 预报值	4.24	11.76	9.93	35.11	12.80	9.53	12.78	5.37	15.79	29.35	38.00	13.54	39.29	6.73	5.57	9.11	12.16	2.49	2.21	10.67	2.99	5.10	5.56	5.16	3.32	6.26	5.48	2.50	11.50	25.74	56.35
天一区间	实测值	1.89	3.64	0.06	0.00	0.00	15.55	7.21	0.00	0.00	16.12	2.40	7.82	8.49	2.73	14.91	16.47	0.90	10.47	3.56	2.17	3.35	1.88	33.86	0.00	3.46	5.43	2.46	2.71	3.02	6.15	—
	CFSv2 预报值	1.35	8.43	2.64	3.51	4.07	4.04	9.02	13.65	4.38	6.59	3.24	14.95	2.99	11.08	3.52	4.20	5.67	16.66	3.19	13.55	11.59	5.95	9.20	13.76	5.32	10.10	12.37	5.47	5.85	6.05	48.98
	GEEFSv2 预报值	4.25	6.07	10.09	21.89	17.68	37.97	30.98	7.40	15.50	20.61	12.98	6.78	40.31	12.88	10.44	27.99	15.50	4.07	3.83	12.95	2.38	6.18	2.91	6.04	2.64	8.45	13.64	2.06	29.85	15.37	43.90
猫街子流域	实测值	0.94	0.70	1.21	0.00	0.13	3.77	4.34	0.81	0.00	4.18	4.64	11.66	3.87	1.92	11.02	1.91	0.02	9.78	3.58	0.22	3.70	0.66	8.80	0.06	4.15	3.14	3.41	7.87	5.29	1.84	—
	CFSv2 预报值	1.85	2.41	0.51	1.17	2.81	4.35	7.82	23.48	7.46	9.43	5.26	9.54	5.36	5.79	3.20	4.05	5.37	11.99	1.33	4.53	2.86	6.19	12.28	18.66	5.41	5.63	8.07	3.85	6.30	4.91	76.71
	GEEFSv2 预报值	4.64	2.60	13.13	21.49	22.80	8.11	41.81	4.60	17.28	25.99	28.28	9.41	21.31	7.75	8.26	22.79	8.59	4.02	4.15	8.3	1.12	4.99	1.87	4.04	1.37	2.80	20.23	0.72	40.24	14.60	45.45
马岭子流域	实测值	2.56	1.99	0.00	0.00	0.00	13.03	9.84	0.30	0.30	13.09	1.57	3.30	3.20	44.64	3.58	9.34	0.51	6.83	4.34	0.90	0.56	2.98	49.61	0.00	0.00	3.75	3.44	0.00	1.39	2.09	—
	CFSv2 预报值	3.58	16.57	10.40	6.02	9.33	5.60	14.60	8.71	7.46	7.43	5.05	18.26	3.50	18.89	5.24	7.85	5.14	16.75	9.92	28.20	13.38	10.05	6.93	17.25	9.20	13.56	18.66	6.30	7.26	4.91	48.66
	GEEFSv2 预报值	4.15	9.71	10.51	27.33	11.15	27.95	22.07	12.45	38.44	12.04	17.92	11.09	51.83	19.67	11.36	19.58	17.36	2.09	1.78	16.14	4.29	6.79	5.05	7.90	3.91	12.48	6.60	3.90	17.70	18.08	30.84

表2-4　2017年7月各子流域降水预报结果及得分表

| 项目 | | 降水量/mm | | | | | | | | | | | | | | | | | | | | | | | | | | | | | | | 得分 |
		7月1日	7月2日	7月3日	7月4日	7月5日	7月6日	7月7日	7月8日	7月9日	7月10日	7月11日	7月12日	7月13日	7月14日	7月15日	7月16日	7月17日	7月18日	7月19日	7月20日	7月21日	7月22日	7月23日	7月24日	7月25日	7月26日	7月27日	7月28日	7月29日	7月30日	7月31日	
小龙潭子流域	实测值	16.33	19.57	18.76	0.77	2.29	1.24	14.23	19.61	20.07	0.28	1.99	18.89	7.28	12.64	8.18	5.83	4.69	5.47	18.73	14.70	22.74	13.01	1.17	1.17	2.94	0.12	2.94	0.85	0.11	18.40	7.68	—
	CFSv2预报值	5.65	30.34	5.85	8.55	15.57	3.56	7.36	5.32	2.03	0.53	2.27	9.19	1.73	1.34	5.10	10.76	3.40	7.36	13.09	20.13	5.32	2.03	6.44	3.92	5.10	6.49	1.89	3.91	4.70	3.38	7.49	68.97
	GEFSv2预报值	11.68	8.17	18.99	19.39	15.92	4.62	9.85	4.64	21.67	5.72	3.21	3.19	4.83	1.13	2.77	2.64	2.22	3.51	4.92	4.02	4.73	2.90	3.40	3.61	4.50	1.99	7.81	43.34	15.45	3.72	18.00	65.87
云鹏区间	实测值	19.42	10.70	22.32	2.82	8.55	0.63	16.91	16.06	18.78	0.30	2.47	7.62	4.53	10.06	9.45	6.43	8.24	7.38	7.53	13.74	18.77	9.72	1.82	1.22	9.80	0.84	3.06	1.55	0.00	0.78	9.53	—
	CFSv2预报值	5.29	18.75	6.93	7.76	19.26	3.28	9.77	1.60	0.53	0.53	1.34	6.23	1.00	1.67	5.68	5.22	3.78	4.50	11.10	8.82	5.47	1.85	3.39	2.76	4.73	5.05	1.16	3.03	3.49	1.53	5.47	75.43
	GEFSv2预报值	16.64	14.19	13.56	13.80	12.10	4.02	9.15	4.90	16.82	3.96	3.68	3.86	6.13	2.04	2.14	2.56	3.96	3.83	4.38	4.69	5.20	4.34	2.80	4.70	3.48	1.98	7.80	21.90	9.38	3.89	18.90	72.84
鲁布革子流域	实测值	21.13	44.56	10.02	1.12	4.81	4.36	17.64	13.44	33.71	0.09	2.39	28.68	10.15	9.58	14.01	10.78	9.77	4.37	14.26	34.98	37.32	3.81	0.77	0.45	1.67	0.58	4.03	0.51	0.25	4.18	10.75	—
	CFSv2预报值	6.59	25.86	9.64	13.06	14.26	4.17	4.61	5.43	1.02	0.21	2.53	15.28	1.93	1.61	12.13	19.16	4.49	17.44	22.15	27.43	9.75	3.85	8.49	5.25	6.01	8.89	4.68	2.68	7.86	5.64	6.37	64.75
	GEFSv2预报值	6.90	14.13	16.03	15.92	15.24	5.04	9.21	2.39	10.54	2.88	4.31	5.33	4.14	1.31	2.52	1.30	2.06	4.72	5.30	2.81	3.55	2.16	3.91	2.94	3.42	1.50	9.21	15.96	7.48	4.60	5.21	60.65
天一区间	实测值	30.43	30.96	22.32	2.47	14.83	6.08	14.17	9.81	30.52	0.14	18.46	15.87	2.78	4.77	8.29	3.51	9.62	3.08	9.83	55.00	35.87	7.78	2.28	1.38	2.40	0.96	1.24	0.46	0.00	1.72	16.13	—
	CFSv2预报值	6.17	16.51	7.47	9.83	24.70	3.69	5.52	6.09	1.35	0.27	2.14	15.65	1.00	1.69	12.91	15.23	5.46	17.57	15.64	14.42	7.57	3.83	4.67	4.12	4.84	7.14	2.82	2.44	7.92	3.60	7.16	64.63
	GEFSv2预报值	7.04	27.38	13.29	6.30	6.79	2.41	3.75	1.31	7.04	0.93	7.81	8.72	8.60	1.83	2.62	1.07	3.01	5.32	8.09	3.18	3.61	4.25	4.71	5.99	3.08	1.04	16.44	8.56	6.52	3.11	7.00	67.54
猫街子流域	实测值	16.69	7.63	16.79	6.46	6.46	0.17	12.57	11.86	17.09	0.26	13.15	3.53	1.05	3.04	3.68	4.01	12.51	6.00	8.48	10.72	18.12	7.44	3.48	3.83	1.95	0.97	0.04	0.71	0.00	0.56	5.04	—
	CFSv2预报值	6.34	10.93	10.56	7.43	38.09	3.15	8.89	6.21	1.25	0.45	1.09	11.51	0.79	1.16	9.16	5.56	7.38	9.35	13.82	6.39	5.49	1.75	2.70	3.75	6.44	4.45	1.21	3.79	6.61	2.08	9.07	72.13
	GEFSv2预报值	11.31	23.03	17.99	3.73	3.57	1.51	2.00	1.02	5.72	0.44	8.02	5.64	9.15	1.74	2.00	1.32	2.46	4.18	6.22	2.82	5.06	4.18	3.64	4.62	3.42	0.85	20.91	7.72	5.01	3.11	6.54	73.76
马岭子流域	实测值	6.66	10.26	8.26	0.79	3.82	1.29	18.94	21.88	38.12	0.00	3.09	46.30	6.13	6.65	34.60	1.47	7.86	4.00	1.98	61.58	37.83	2.22	0.00	0.00	2.93	0.00	1.21	1.35	0.00	4.38	12.70	—
	CFSv2预报值	7.66	15.82	9.31	12.78	16.27	4.28	7.20	5.76	1.43	0.12	1.85	16.33	0.47	2.48	16.74	21.67	5.14	26.85	24.08	21.89	10.14	5.62	7.64	5.62	3.38	9.88	3.43	0.30	10.31	2.42	5.76	51.21
	GEFSv2预报值	4.72	20.94	13.29	6.55	10.26	4.32	4.29	1.70	7.61	1.45	6.54	8.66	5.50	1.32	2.59	0.82	3.23	3.21	8.37	2.79	6.02	3.09	5.49	2.97	1.62	11.55	10.00	8.21	3.80	6.81	49.36

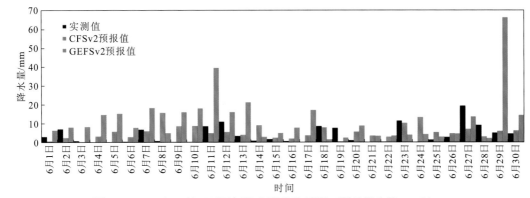

图 2-9　2011 年 6 月云鹏区间降水预报结果图（预见期为第 15 天）

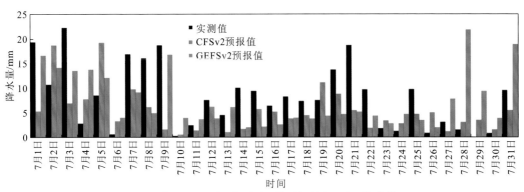

图 2-10　2017 年 7 月云鹏区间降水预报结果图（预见期为第 15 天）

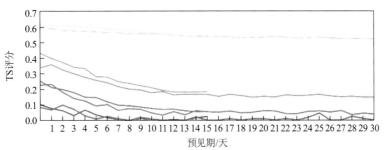

（a）小龙潭子流域

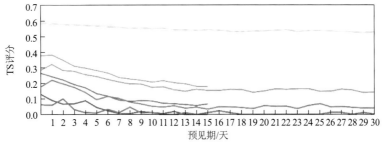

（b）云鹏区间

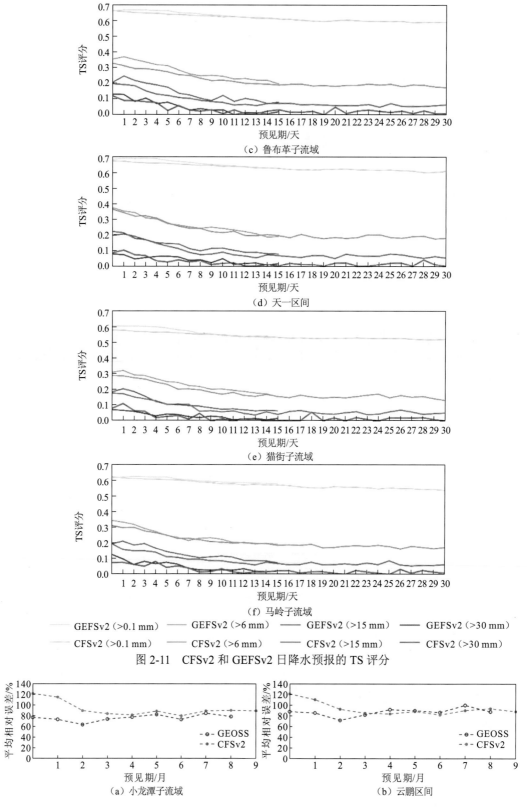

（c）鲁布革子流域

（d）天一区间

（e）猫街子流域

（f）马岭子流域

——— GEFSv2（>0.1 mm）　　——— GEFSv2（>6 mm）　　——— GEFSv2（>15 mm）　　——— GEFSv2（>30 mm）

——— CFSv2（>0.1 mm）　　——— CFSv2（>6 mm）　　——— CFSv2（>15 mm）　　——— CFSv2（>30 mm）

图 2-11　CFSv2 和 GEFSv2 日降水预报的 TS 评分

（a）小龙潭子流域

（b）云鹏区间

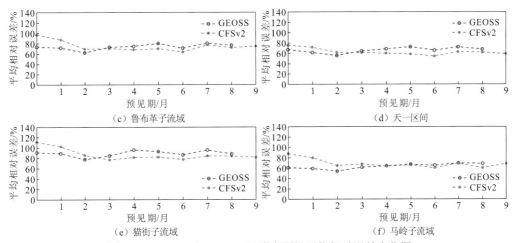

图 2-12　CFSv2 和 GEOSS 月降水预报平均相对误差变化图

　　为了进一步展示 CFSv2 和 GEOSS 在天一流域内对月降水进行预报的表现，图 2-13 展示了两种气象预报产品预报的猫街子流域 2019 年 3～12 月的月降水过程。在预见期 0～8 月内，两种气象预报产品均能较好地预报月降水过程，且预报能力较为接近，CFSv2 的平均相对误差为 70.3%，GEOSS 的平均相对误差为 76.1%。综上，对于月降水预报，GEOSS 在天一流域的表现优于 CFSv2。

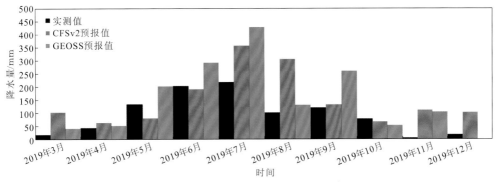

图 2-13　猫街子流域月降水预报结果图（2019 年 3～12 月）

2.2.3　气温预报精度评价结果

1. 小时气温预报精度评价

　　本节对 GRAPES-RAFS 小时气温预报进行精度评价，评价的数据为 2019 年 11 月 9 日～2020 年 9 月 30 日四个发起点（0 时、6 时、12 时、18 时）的小时气温预报，水平空间分辨率为 3 km。基于各子流域面平均数据计算的实测和预报小时气温平均误差随预见期的变化如图 2-14 所示。由图 2-14 可知，全流域 GRAPES-RAFS 气温预报平均误差基本在 ±2℃ 以内，其中夜晚气温预报值偏高，而日间气温预报值偏低，从子流域来看，猫街子流域、小龙潭子流域、云鹏区间平均误差更小。

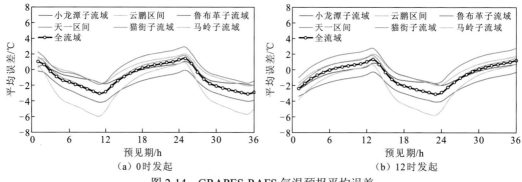

（a）0时发起　　　　　　　　　（b）12时发起

图 2-14　GRAPES-RAFS 气温预报平均误差

2. 日气温预报精度评价

选择 CFSv2 和 GEFSv2 两种气象预报产品用于日气温预报评价，用于评价的数据为 2011～2019 年的日气温预报，空间分辨率与降水数据相同。各子流域日气温预报平均绝对误差随预见期的变化如图 2-15 所示。总体而言，两种气象预报产品的日气温预报平均绝对误差均随预见期的增长而增大，即预报效果随预见期的增长而下降。除鲁布革子流域和马岭子流域外，CFSv2 对日气温进行预报的平均绝对误差均明显大于 GEFSv2，即 GEFSv2 对日气温进行预报的表现明显优于 CFSv2，其平均绝对误差均在 3℃以内。综上所述，在预见期 0～15 天内，GEFSv2 对日气温进行预报的表现优于 CFSv2。

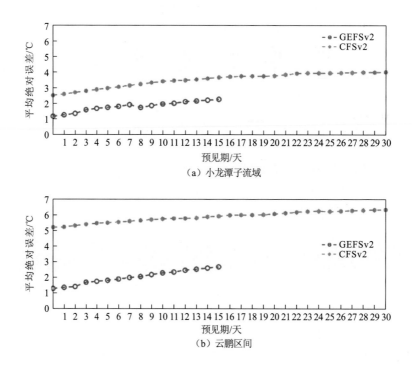

（a）小龙潭子流域

（b）云鹏区间

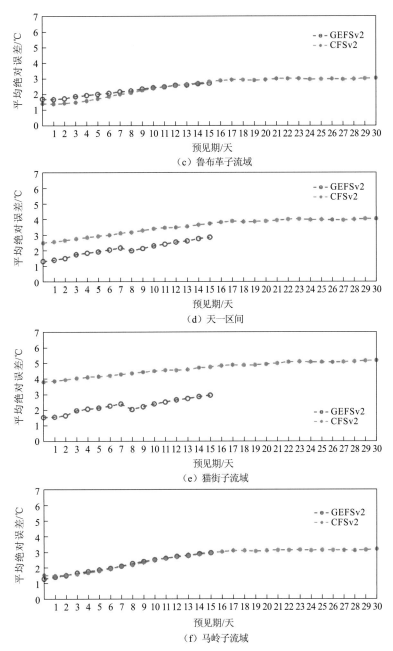

（c）鲁布革子流域

（d）天一区间

（e）猫街子流域

（f）马岭子流域

图 2-15　CFSv2 和 GEFSv2 日气温预报平均绝对误差变化图

3. 月气温预报精度评价

选择 CFSv2 和 GEOSS 两种气象预报产品用于月气温预报，用于评价的数据的时间跨度为 2011～2019 年，空间分辨率与降水数据相同。各子流域月气温预报平均绝对误差随预见期的变化如图 2-16 所示。两种气象预报产品的平均绝对误差均随预见期的增长略有增大，但变化幅度较小。在鲁布革子流域和马岭子流域，CFSv2 和 GEOSS 对月气温进行预报的表现相差不大；但在其余的 4 个子流域中，GEOSS 的表现均明显优于 CFSv2，且其平均绝对误差均在 3 ℃以内。综上所述，GEOSS 对月气温进行预报的表现优于 CFSv2。

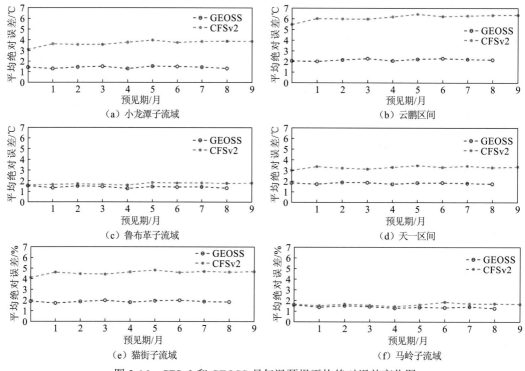

图 2-16　CFSv2 和 GEOSS 月气温预报平均绝对误差变化图

2.3　气象预报产品的偏差校正

2.3.1　偏差校正方法介绍

从全球气象预报产品中获得的降水、气温等预报数据的空间分辨率较低，且存在较大的偏差。在为天一流域提供高精度降水预报时，需要对气象预报产品的原始输出进行后处理（刘永和 等，2011；范丽军 等，2005）。本节采用两种偏差校正方法对降水和气温预报进行后处理，具体包括基于均值的校正方法和基于概率分布的校正方法。基于均值的校正方法假设在特定时间尺度（如月）对不同量级的降水具有同样大小的偏差，采用同一校正因子通过平移或缩放进行校正，而基于概率分布的校正方法针对不同量级的降水采用不同的校正因子予以校正，两种方法的介绍如下。

本节采用的基于均值的校正方法为线性缩放（linear scaling，LS）方法（Chen et al.，2011；Mpelasoka and Chiew，2009），其将历史时段气象预报的均值和观测数据均值之间的差异作为校正因子，用于校正预报数据，该方法首先计算历史阶段预报数据和观测数据的均值在各月份的差异，并将其定义为校正因子，然后再将该校正因子用于未来同一月份所有预报数据，即假设该月份所有预报结果均具有相同的偏差，其计算公式如下：

$$P_{cor}(t) = P(t) \times (\overline{P}_{obs,m} / \overline{P}_{sim,m}) \tag{2-5}$$

$$T_{cor}(t) = T(t) + (\overline{T}_{obs,m} / \overline{T}_{sim,m}) \tag{2-6}$$

式中：$P(t)$ 和 $T(t)$ 为校正前某一时间 t 的降水预报和气温预报数据；$P_{cor}(t)$ 和 $T_{cor}(t)$ 为校正后某一时间 t 的降水预报和气温预报数据；$\overline{P}_{obs,m}$ 和 $\overline{T}_{obs,m}$ 为历史基准期 m 月观测降水和气温的均值；$\overline{P}_{sim,m}$ 和 $\overline{T}_{sim,m}$ 为历史基准期 m 月预报降水和气温的均值。

本节中采用两种基于概率分布的校正方法。第一种方法为日偏差校正（daily bias correction，DBC）方法（Chen et al.，2013，2011），该方法是日转换（daily translation，DT）方法（Chen et al.，2011；Mpelasoka and Chiew，2009）与局地雨强缩放（local intensity scaling，LOCI）方法（Schmidli et al.，2006）的结合，即首先使用 LOCI 方法校正降水的发生频率，然后使用 DT 方法校正降水量的经验分布。DBC 方法仅对小时和日尺度降水与气温进行偏差校正，步骤如下。

（1）对于每一个月，给历史时段气象预报的降水设定一个阈值，降水量大于或等于该阈值时视为有降水，小于该阈值时则视为无降水，该阈值选择的依据是历史时期气象预报的降水序列的降水频率与观测降水序列的降水频率相等，找到合适的阈值后将其用于预报降水以确定是否发生降水。

（2）计算历史时期各预报降水和气温相对于观测数据在经验分布（以分位数表示）上的偏差，并将其作为预报数据的校正因子（对于降水计算比率，对于气温计算差值）；然后在预见期内，在各变量的经验分布上去除相同的偏差。校正预报数据的计算公式如下：

$$P_{G,m}^{cor} = P_{G,m}^{raw} \times (F_{obsP,m}^{-1}[F_{GP,m}(P_{G,m})] / P_{G,m}) \tag{2-7}$$

$$T_{G,m}^{cor} = T_{G,m}^{raw} + (F_{obsT,m}^{-1}[F_{GT,m}(T_{G,m})] / T_{G,m}) \tag{2-8}$$

式中：$P_{G,m}^{cor}$ 和 $T_{G,m}^{cor}$ 分别为校正后第 m 月的降水和气温数据；$P_{G,m}^{raw}$ 和 $T_{G,m}^{raw}$ 分别为历史基准期校正前第 m 月的降水和气温数据；$P_{G,m}$ 和 $T_{G,m}$ 分别为未来时期校正前第 m 月的降水和气温数据；$F_{obsP,m}$ 和 $F_{GP,m}$（$F_{obsT,m}$ 和 $F_{GT,m}$）分别为历史基准期实测和预报数据降水（气温）的累积分布函数。

本节中采用的第二种基于概率分布的校正方法为分位数映射（quantile mapping，QM）方法（Chen et al.，2013）。该方法根据观测数据模拟的累积概率分布校正预报数据拟合的累积概率分布。图 2-17 为 QM 方法示意图，利用预报数据拟合的累积概率分布 $P_c(x)$，可以得到变量 x 在时刻 d 的累积概率 $P_c[x_f(d)]$，将其代入观测数据模拟的累积概率分布 $P_o(x)$ 中可以得到校正后的预报值 $x_{fcorr}(d)$。

本节假定降水服从伽马分布，气温从正态分布，以降水校正为例，公式如下：

$$P_{Gam,m,d} = F_r^{-1}[F_r(P_{raw,m,d} | \alpha_{raw,m}, \beta_{raw,m}) | \alpha_{obs,m}, \beta_{obs,m}] \tag{2-9}$$

式中：F_r 和 F_r^{-1} 分别为伽马累积分布函数及其逆函数；$\alpha_{raw,m}$ 和 $\beta_{raw,m}$ 分别为历史基准期采用伽马分布拟合的预报降水参数；$\alpha_{obs,m}$ 和 $\beta_{obs,m}$ 分别为历史基准期采用伽马分布拟合

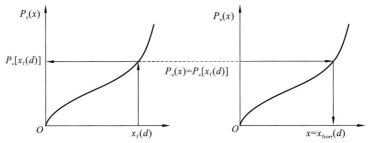

（a）预报数据模拟的累积概率分布　　　（b）观测数据模拟的累积概率分布

图 2-17　QM 方法示意图

的观测降水参数；$P_{\text{Gam}, m, d}$ 为基于伽马分布校正后的特定月份 m 的日数据 d；$P_{\text{raw}, m, d}$ 为未校正的特定月份 m 的日数据 d。

伽马分布和正态分布的累积分布函数如下：

$$F_r(x \mid \alpha, \beta) = \frac{1}{\beta^\alpha \Gamma(\alpha)} \int_0^x t^{\alpha-1} e^{\frac{-t}{\beta}} \, dt \qquad (2\text{-}10)$$

$$F(x \mid \mu, \sigma) = \frac{1}{\sigma\sqrt{2\pi}} \int_{-\infty}^x \exp\left[-\frac{(x-\mu)^2}{2\sigma^2} \right] dx \qquad (2\text{-}11)$$

式中：α 和 β 分别为伽马分布的形状参数和尺度参数；μ 和 σ^2 分别为正态分布的均值和方差。

本节对于小时和日尺度的气象预报产品均比较了 LS 方法、DBC 方法对降水与气温的偏差校正效果；对于月尺度的气象预报产品比较了 LS 方法、QM 方法对降水和气温的偏差校正效果，由于天一流域每个月均发生了降水，因此不需要采用 DBC 方法校正降水的发生频率。同时，本节在使用 LS 方法和 DBC 方法校正小时降水时，将同一发起时间预见期为 1~6 h 的小时降水求和得到 6 h 累积预报降水。LS 方法将 6 h 观测和预报累积降水均值的比值作为校正因子来校正各小时降水。

在进行小时降水预报偏差校正时，将 2019 年 11 月~2020 年 6 月作为率定期，将 2020 年 7~9 月作为验证期；在进行日降水和月降水预报偏差校正时，将 2007~2017 年作为率定期，将 2018~2019 年作为验证期；在进行日气温和月气温预报偏差校正时，将 2011~2017 年作为率定期，将 2018~2019 年作为验证期，不同率定期和验证期的选择主要是由于观测数据的差异。具体来说，首先将降水预报产品映射到观测数据的站点或网格尺度上，然后基于率定期预报数据率定偏差校正方法的参数，之后采用参数率定后的方法对气象预报产品进行偏差校正，并采用一系列评价指标在流域尺度上评价不同偏差校正方法在不同预见期对气象预报产品的校正效果，从而选择适用于天一流域气象预报的偏差校正方法。

2.3.2　降水偏差校正结果

1. 小时降水偏差校正评价

本节展示了 LS 方法和 DBC 方法对 GRAPES-RAFS 小时尺度降水在各个子流域上的

校正表现，小时降水预报的预见期为 36 h，有两个预报发起时间（即 0 时发起预报和 12 时发起预报）。例如，发起时间为 0 时且预见期为 1 h 代表 GRAPES-RAFS 由 0 时发起对 1 时的降水预报，发起时间为 12 时且预见期为 1 h 代表 GRAPES-RAFS 由 12 时发起对 13 时的降水预报。

使用"长江委"评分法评估了预报降水在验证期偏差校正后的表现，如图 2-18 所示。横坐标展示的是预报时段（图中展示的是 6 h 累积降水的结果），其中第一个数据的预报时段开始时间为 0 时，而其他数据预报时段的开始时间为上一个数据的截止时间。两种偏差校正方法均能降低降水预报的偏差，但不同预报发起时间、不同预见期和不同流域的校正效果差异较大。同时，不同预见期两种偏差校正方法的表现略有差异，如在小龙潭子流域当预见时段为 0~6 h 时 DBC 方法与 LS 方法效果相当，当预见时段为 6~12 h 时 LS 方法的效果优于 DBC 方法。预报发起时间为 12 时与预报发起时间为 0 时表现相近。总体而言，两种偏差校正方法均可以降低小时降水预报结果的偏差。

为了进一步分析降水偏差产生的时间，将预报的小时降水累加为日降水，图 2-19 展示了预报发起时间为 0 时全流域 2019 年 11 月 9 日~2020 年 9 月 27 日的降水过程，可以看到校正前预报降水明显大于观测降水。LS 方法和 DBC 方法校正后预报降水高估的现象有了明显的改善。同一日 LS 方法校正后的降水量普遍低于 DBC 方法校正后的降水量，两种方法的优势依时段略有不同，在 2019 年 11 月~2020 年 5 月 LS 方法的校正效果明显优于 DBC 方法，而在 2020 年 6~9 月 DBC 方法的校正效果明显优于 LS 方法。

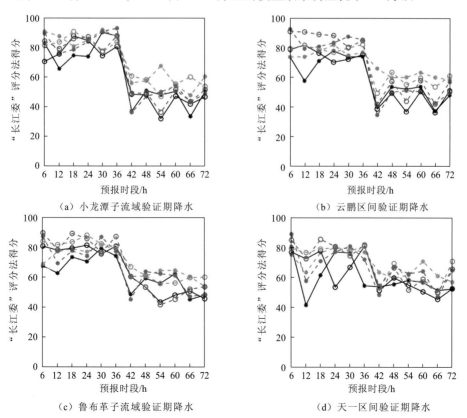

（a）小龙潭子流域验证期降水　　　　　　（b）云鹏区间验证期降水

（c）鲁布革子流域验证期降水　　　　　　（d）天一区间验证期降水

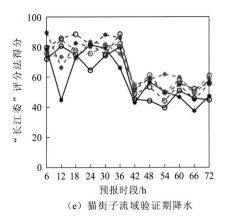 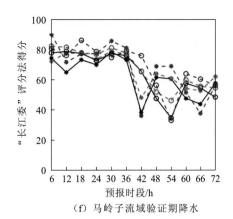

（e）猫街子流域验证期降水　　　　　　　（f）马岭子流域验证期降水

—＊— 原GRAPES-RAFS-0时　--＊-- GRAPES-RAFS-0时-LS方法　--＊-- GRAPES-RAFS-0时-DBC方法

—○— 原GRAPES-RAFS-12时　--○-- GRAPES-RAFS-12时-LS方法　--○-- GRAPES-RAFS-12时-DBC方法

图 2-18　基于 LS 方法和 DBC 方法的小时降水预报效果评价

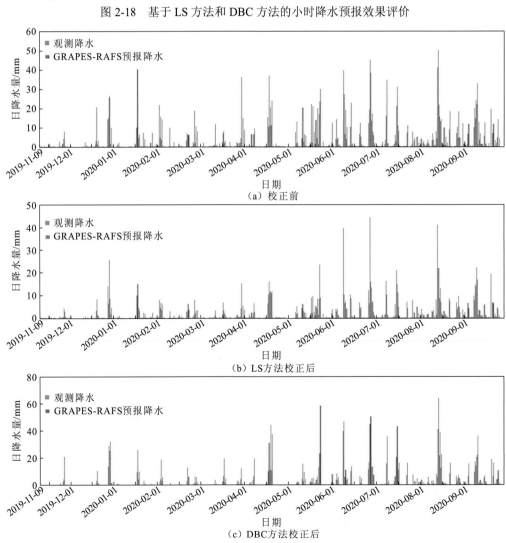

（a）校正前

（b）LS方法校正后

（c）DBC方法校正后

图 2-19　GRAPES-RAFS 每日 0 时预报的 2019 年 11 月 9 日～2020 年 9 月 27 日逐日降水过程

图 2-20 展示了预报发起时间为 12 时全流域 2019 年 11 月 10 日～2020 年 9 月 27 日的降水过程。相比于预报发起时间为 0 时，预报发起时间为 12 时的预报降水与观测降水更接近。LS 方法和 DBC 方法校正后预报降水高估的现象有了明显的改善，尤其是 2020 年 6～9 月同一日降水量的误差明显减小。同一日 LS 方法校正后的降水量普遍低于 DBC 方法校正后的降水量。但总体而言，两种偏差校正方法的表现相近。

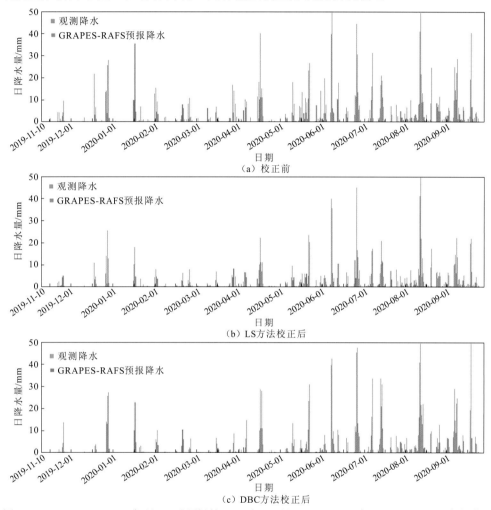

图 2-20　GRAPES-RAFS 每日 12 时预报的 2019 年 11 月 10 日～2020 年 9 月 27 日逐日降水过程

2. 日降水偏差校正评价

本节展示了偏差校正方法 LS 方法和 DBC 方法对不同预见期日尺度降水预报产品 CFSv2 和 GEFSv2 在流域尺度的校正效果，并针对特定时段的降水过程进行偏差校正评价。本节选取的 CFSv2 和 GEFSv2 的预见期分别为 30 天与 15 天，预见期为第 0 天代表模式由当天发起对当天的预报，预见期为第 1 天代表模式由当天发起对下一天的预报。

图 2-21 展示了使用“长江委”评分法评估的 CFSv2 和 GEFSv2 在降水数据偏差校正后于验证期的表现。两种偏差校正方法均能明显降低 CFSv2 和 GEFSv2 降水预报的偏

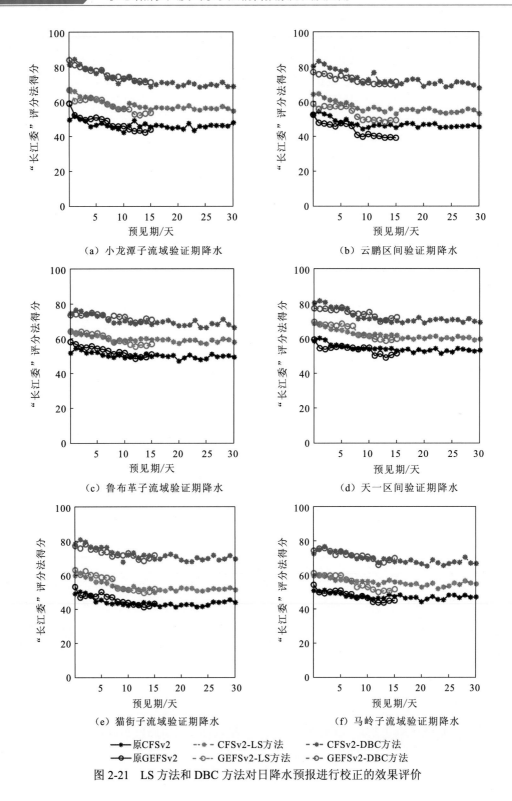

（a）小龙潭子流域验证期降水

（b）云鹏区间验证期降水

（c）鲁布革子流域验证期降水

（d）天一区间验证期降水

（e）猫街子流域验证期降水

（f）马岭子流域验证期降水

图 2-21 LS 方法和 DBC 方法对日降水预报进行校正的效果评价

差，校正后得分提升了 20%～50%。相比而言，在所有子流域，DBC 方法的效果均优于 LS 方法，但这种优势随着预见期的延长而逐渐减小，预见期 15 天以后表现基本稳定，仅在云鹏区间校正前 CFSv2 的表现略优于 GEFSv2，其余子流域两者表现相近。校正后在云鹏区间 CFSv2 的表现依旧略优于 GEFSv2，其余子流域校正后两者表现依旧相近，表明校正以后，两种气象预报产品均可用于流域降水预报。

为了更直观地反映两种偏差校正方法对降水过程的校正效果，选取 2017 年 7 月 1～30 日的汛期降水过程进行分析。图 2-22 展示了猫街子流域日观测降水和校正前后预报降水过程。可以看到，校正前 GEFSv2 和 CFSv2 均明显高估降水，尤其是 7 月 10 日和 11 日的降水。LS 方法校正后，预报降水的高估程度被明显降低，但 7 月 26～30 日仍存在明显高估。DBC 方法校正后，7 月 10～15 日的高估程度并没有明显降低，而在 7 月 17～27 日原有的低估程度则被进一步增强。总而言之，LS 方法相比于 DBC 方法效果更好，LS 方法校正后的 GEFSv2 的表现略优于 CFSv2。

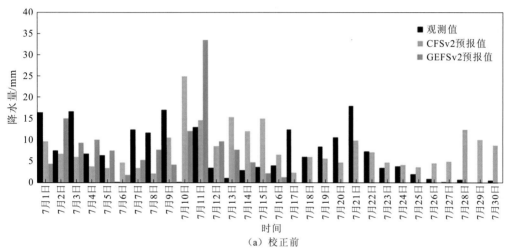

（a）校正前

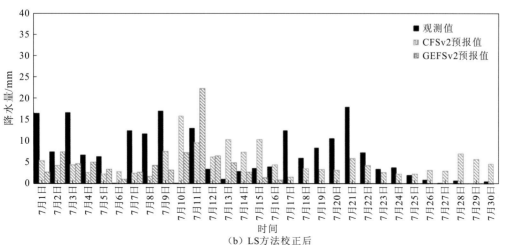

（b）LS方法校正后

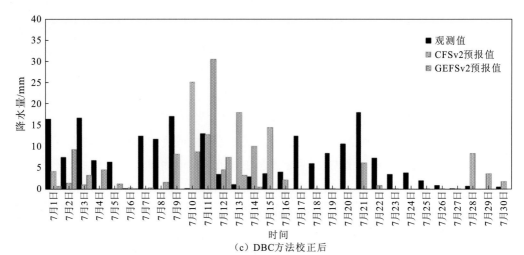

（c）DBC方法校正后

图 2-22　猫街子流域 2017 年 7 月 1～30 日降水过程预报及偏差校正效果评价

在对单个流域降水过程偏差校正表现进行分析的基础上，使用"长江委"评分法评估了 2017 年 7 月 1～30 日预见期为第 1 天和第 15 天时六个子流域 CFSv2 与 GEFSv2 降水预报偏差校正的效果，如表 2-5 所示。结果显示，对于 CFSv2，LS 方法的表现均略优于 DBC 方法。在马岭子流域，预见期为第 1 天和第 15 天时校正后的 GEFSv2 日降水预报表现总体较优；而在其他子流域，预见期为第 1 天和第 15 天时校正后的 CFSv2 日降水预报表现总体较优。

表 2-5　2017 年 7 月 1～30 日六个子流域 CFSv2 和 GEFSv2 日降水预报偏差校正效果评价

子流域	降水预报产品	预见期为第 1 天			预见期为第 15 天		
		无校正	LS 方法校正	DBC 方法校正	无校正	LS 方法校正	DBC 方法校正
小龙潭子流域	CFSv2	72.64	79.86	75.91	69.79	76.38	69.46
	GEFSv2	53.87	56.18	55.57	44.08	51.89	59.48
云鹏区间	CFSv2	72.71	69.42	66.92	70.04	72.66	61.62
	GEFSv2	58.43	61.87	67.52	47.67	53.67	59.93
鲁布革子流域	CFSv2	62.98	76.45	70.88	54.36	65.73	54.68
	GEFSv2	56.39	56.53	52.32	49.25	50.62	57.63
天一区间	CFSv2	68.03	71.73	66.40	62.29	65.86	56.80
	GEFSv2	57.19	60.71	62.21	49.09	50.64	57.89
猫街子流域	CFSv2	58.22	72.13	63.74	64.01	67.22	58.68
	GEFSv2	55.48	61.60	69.11	50.57	54.06	55.55
马岭子流域	CFSv2	41.80	54.69	53.97	44.31	51.45	48.87
	GEFSv2	58.04	58.59	56.11	44.61	49.75	59.91

3. 月降水偏差校正评价

本节展示了偏差校正方法 LS 方法和 QM 方法对 CFSv2 与 GEOSS 在不同预见期对月降水预报的校正效果。图 2-23 展示了不同偏差校正方法（LS 方法和 QM 方法）月降水预报的平均绝对相对误差。总体而言，两种偏差校正方法均能明显降低降水预报的偏差，以小龙潭子流域为例，预见期为 0 时校正后 GEOSS 的平均绝对相对误差降低明显。对 CFSv2 而言，LS 方法的校正效果明显优于 QM 方法，尤其是在小龙潭子流域、鲁布革子流域和天一区间。而对 GEOSS 而言，LS 方法的校正效果与 QM 方法相近。LS 方法校正后的 GEOSS 在小龙潭子流域的表现略优于 CFSv2，而在其他子流域 LS 方法校正后的 CFSv2 表现较优。

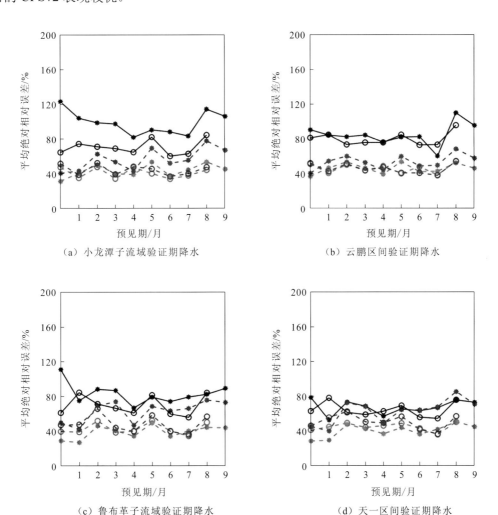

（a）小龙潭子流域验证期降水　　　　（b）云鹏区间验证期降水

（c）鲁布革子流域验证期降水　　　　（d）天一区间验证期降水

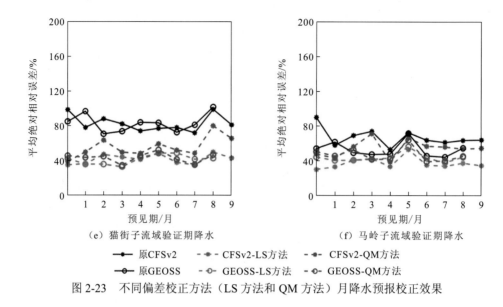

（e）猫街子流域验证期降水 　　　　　（f）马岭子流域验证期降水

— 原CFSv2　　- - 原CFSv2-LS方法　　- - CFSv2-QM方法
— 原GEOSS　　- - GEOSS-LS方法　　- - GEOSS-QM方法

图 2-23　不同偏差校正方法（LS 方法和 QM 方法）月降水预报校正效果

2.3.3　气温偏差校正结果

1. 小时气温偏差校正评价

本节展示了偏差校正方法 LS 方法和 DBC 方法对 GRAPES-RAFS 小时尺度气温在各个子流域上的校正表现，预见期为 36 h。使用平均误差评估了在验证期对预报气温进行偏差校正的表现，如图 2-24 所示（图中展示的是 6 h 平均气温的结果）。结果表明：两种偏差校正方法在绝大多数预见期下均能明显降低气温预报的偏差，但不同预报发起时间、不同预见期和不同流域的提升效果差异较大。预报发起时间为 0 时，在小龙潭子流域、云鹏区间、鲁布革子流域、猫街子流域和马岭子流域 LS 方法的校正效果与 DBC 方法的校正效果相近，在天一区间 LS 方法的校正效果略差于 DBC 方法的校正效果。总体而言，两种偏差校正方法表现相近，均具有较好的校正效果。

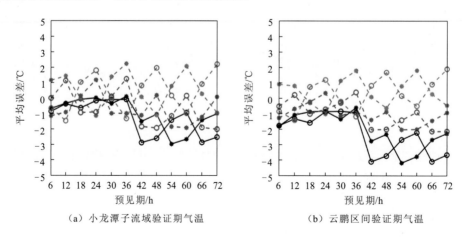

（a）小龙潭子流域验证期气温 　　　　　（b）云鹏区间验证期气温

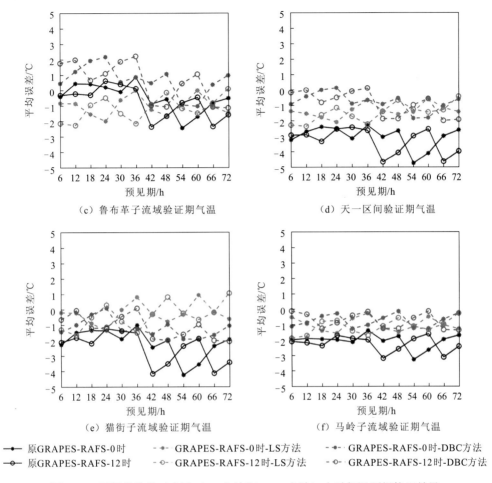

（c）鲁布革子流域验证期气温　　　　　（d）天一区间验证期气温

（e）猫街子流域验证期气温　　　　　（f）马岭子流域验证期气温

　—●— 原GRAPES-RAFS-0时　　- - ●- - GRAPES-RAFS-0时-LS方法　　- - *- - GRAPES-RAFS-0时-DBC方法
　—○— 原GRAPES-RAFS-12时　　- - ○- - GRAPES-RAFS-12时-LS方法　　- - ○- - GRAPES-RAFS-12时-DBC方法

图 2-24　不同偏差校正方法（LS 方法和 DBC 方法）小时气温预报校正效果

2. 日气温偏差校正评价

本节展示了 LS 方法和 DBC 方法两种偏差校正方法对 CFSv2 与 GEFSv2 不同预见期日气温在流域尺度的校正表现。图 2-25 展示了校正前后验证期预报气温的平均误差。结果表明：两种偏差校正方法均能明显降低 CFSv2 和 GEFSv2 气温预报的偏差。预见期为 0～30 天时，在所有子流域，DBC 方法和 LS 方法校正气温预报的表现相近，且随预见期的延长表现较为稳定。

3. 月气温偏差校正评价

图 2-26 以平均绝对误差为指标在六个子流域评估了两个月尺度气温预报产品 CFSv2 和 GEOSS 经偏差校正后的表现。总体而言，两种偏差校正方法表现相近，校正后两个预报产品的平均绝对误差在 2 ℃ 以内，校正后不同子流域 CFSv2 和 GEOSS 表现相近。随着预见期的延长，校正后两个预报产品的气温预报能力表现稳定。

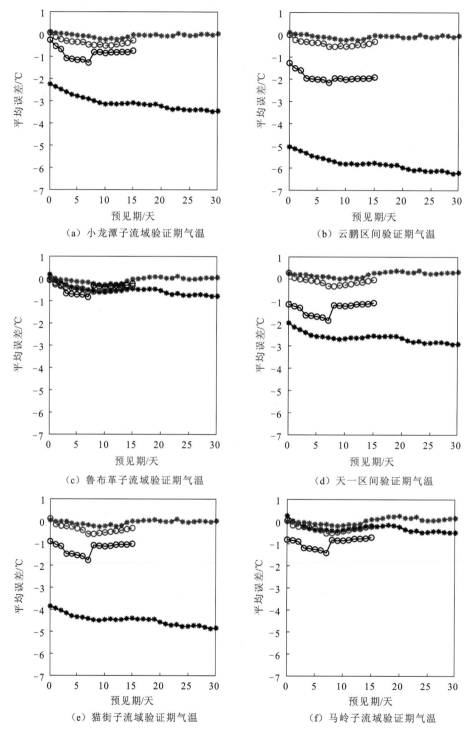

（a）小龙潭子流域验证期气温　　　　　　（b）云鹏区间验证期气温

（c）鲁布革子流域验证期气温　　　　　　（d）天一区间验证期气温

（e）猫街子流域验证期气温　　　　　　（f）马岭子流域验证期气温

—＊—原CFSv2 - ＊- ·CFSv2-LS方法 - ＊- CFSv2-DBC方法 —○—原GEFSv2 - ○- ·GEFSv2-LS方法 - ○- ·GEFSv2-DBC方法

图 2-25　不同偏差校正方法（LS 方法和 DBC 方法）日气温预报校正效果

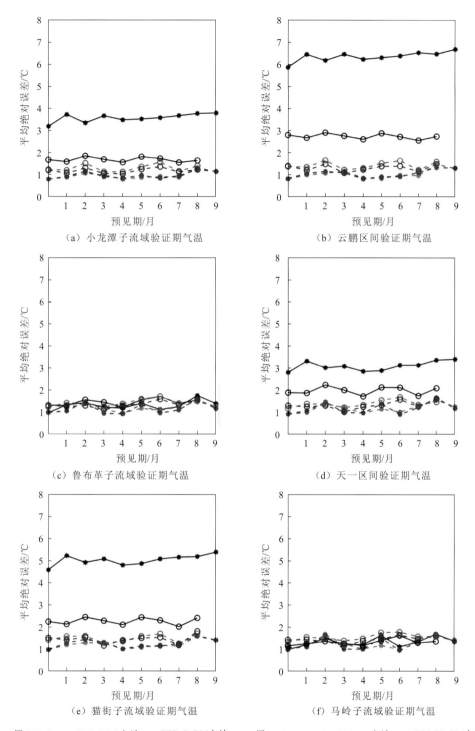

（a）小龙潭子流域验证期气温

（b）云鹏区间验证期气温

（c）鲁布革子流域验证期气温

（d）天一区间验证期气温

（e）猫街子流域验证期气温

（f）马岭子流域验证期气温

→■— 原CFSv2 - ▪- CFSv2-LS方法 - ✴- CFSv2-QM方法 —○— 原GEOSS - ○- GEOSS-LS方法 - ○- GEOSS-QM方法

图 2-26 不同偏差校正方法（LS 方法和 QM 方法）月气温预报校正效果

2.4 本章小结

本章首先采用一系列指标分别从小时、日、月尺度评价了不同预报产品对降水、气温进行预报的表现，结果表明：各预报产品均能在不同尺度上预报流域降水和气温，但偏差较大。具体表现为：①小时尺度，在 36 h 预见期内，GRAPES-RAFS 对降水进行预报的全流域 TS 评分总体在 0.2～0.4，"长江委"评分法得分在 80 分左右，其对气温预报的平均误差基本在±2 ℃以内；②日尺度，在 30 天预见期内，CFSv2 和 GEFSv2 对降水预报的得分分别在 40～50 分和 40～70 分，它们对气温预报的平均绝对误差分别在 6.5 ℃ 和 3 ℃ 以内；③月尺度，在预见期 9 个月内，CFSv2 和 GEOSS 对降水预报的平均相对误差分别在 60%～120% 和 60%～100%，对气温预报的平均绝对误差分别在 6.5 ℃ 和 3 ℃ 以内。

使用了基于均值和基于概率分布的两类偏差校正方法校正降水和气温预报，并在空间尺度（流域）和时间尺度（特定时段）上比较了两种方法的表现。总体而言，校正小时预报降水时基于均值的 LS 方法的表现略优于基于概率分布的 DBC 方法，其将 GRAPES-RAFS 对降水预报的得分提高到 50～90 分；校正小时预报气温时 LS 方法与 DBC 方法表现相近，均能将气温预报的平均误差降低到−2.5～2.5 ℃。将小时预报降水累积为日降水后可以发现，DBC 方法对于校正 6～9 月降水的效果优于 LS 方法。校正日降水预报时 DBC 方法的表现更佳，将两种气象预报产品对降水预报的得分均提高到 60～85 分，但在枯水期 LS 方法的表现更优秀。对于偏差校正后 CFSv2 和 GEFSv2 预报降水的表现，在 0～15 天预见期，前者略优于后者，对气温进行预报时两种方法表现相近，能将 CFSv2 和 GEFSv2 对气温预报的平均误差分别降低到±0.5 ℃ 和−2～0 ℃，故气温预报表现 CFSv2 略优于 GEFSv2。校正月降水预报时 LS 方法优于 QM 方法，能够将降水的平均绝对相对误差降低到 60% 以内，并将气温的平均绝对误差降低到 2 ℃ 以内，在绝大多数流域 CFSv2 校正后的表现更优。

综合原始气象预报和偏差校正之后的气象预报的评价结果，本章最后选择合理的气象预报及偏差校正方法用于后续章节的径流预报。小时尺度的降水和气温预报（0～36 h）采用 GRAPES-RAFS，并结合 LS 方法进行偏差校正；日尺度的降水和气温预报（0～30 天）采用 CFSv2，并结合 DBC 方法进行偏差校正；月尺度的降水和气温预报（0～9 个月）采用 CFSv2，并结合 LS 方法进行偏差校正。

参 考 文 献

范丽军, 符淙斌, 陈德亮, 2005. 统计降尺度法对未来区域气候变化情景预估的研究进展[J]. 地球科学进展, 20(3): 320-329.

顾行发, 周翔, 张松梅, 等, 2018. 亚洲大洋洲区域综合地球观测系统计划进展[J]. 遥感学报, 22(4): 658-671.

刘永和, 郭维栋, 冯锦明, 等, 2011. 气象资料的统计降尺度方法综述[J]. 地球科学进展, 26(8): 837-847.

庄照荣, 李兴良, 2021. 尺度叠加高斯相关模型在 GRAPES-RAFS 中的应用[J]. 气象学报, 79(1): 79-93.

庄照荣, 王瑞春, 李兴良, 2020. 全球大尺度信息在 3 km GRAPES-RAFS 系统中的应用[J].气象学报, 78(1): 33-47.

CHEN J, BRISSETTE F P, LECONTE R, 2011. Uncertainty of downscaling method in quantifying the impact of climate change on hydrology[J]. Journal of hydrology, 401(3): 190-202.

CHEN J, BRISSETTE F P, CHAUMONT D, et al., 2013. Performance and uncertainty evaluation of empirical downscaling methods in quantifying the climate change impacts on hydrology over two North American river basins[J]. Journal of hydrology, 479: 200-214.

MPELASOKA F S, CHIEW F H S, 2009. Influence of rainfall scenario construction methods on runoff projections[J]. Journal of hydrometeorology, 10(5): 1168-1183.

SCHMIDLI J, FREI C, VIDALE P L, 2006. Downscaling from GCM precipitation: A benchmark for dynamical and statistical downscaling methods[J]. International journal of climatology, 26(5): 679-689.

SHAH R D, MISHRA V, 2016. Utility of global ensemble forecast system (GEFS) reforecast for medium-range drought prediction in India[J]. Journal of hydrometeorology, 17(6): 1781-1800.

SITTICHOK K, DJIBO A G, SEIDOU O, et al., 2016. Statistical seasonal rainfall and streamflow forecasting for the Sirba watershed, West Africa, using sea-surface temperatures[J]. Hydrological sciences journal, 61(5): 805-815.

WANG L, YUAN X J, TING M F, et al., 2016. Predicting summer arctic sea ice concentration intraseasonal variability using a vector autoregressive model[J]. Journal of climate, 29(4): 1529-1543.

第3章　考虑水库调蓄的径流模拟

　　水库的修建改变了河道的天然径流，在某一时刻水库的入库流量并不等于水库的出库流量。因此，在开展径流预报时，需要对水库的调蓄行为进行分析和模拟，以考虑上游水库调蓄对下游径流预报的影响，这在短中期径流预报中非常重要。在分析水库调蓄行为时，通常将水库概化成河段上的一个节点，当该节点满足特定规则时改变河段在该点前后的流量。水库调度过程满足水量平衡原理，即水库的入库流量和出库流量及库区降水、蒸发、取用水量保持水量平衡。其中，水库入库流量为上游河段的流量，库区降水、蒸发等水文要素和取用水量可以根据气象预报或水库资料获取，因此预报水库出库流量的关键在于模拟水库的调度规则。在短期径流预报过程中，需要模拟水库在日内的调度行为，由于该时间尺度内的水库行为受到多方面因素的影响（如电网调度、上下游库水位变化等），本章采用机器学习的方法对历史数据进行建模和学习，然后预报其日内的水库出库流量。在中期径流预报过程中，需要掌握水库在日尺度上的调度规则，本章采用水库调度函数法处理这一时间尺度的调度规则。本章以天一流域径流预报为研究对象，主要考虑上游两座大型水库（鲁布革水库、云鹏水库）对天一水库入库流量预报的影响，以下将分别介绍两类水库行为模拟方法（机器学习和水库调度函数法），以及其对鲁布革水库和云鹏水库调度行为的模拟结果。

3.1 考虑水库调蓄的径流模拟简介

过去近 100 年，世界各地修建了许多水库，以达到防洪、供水、发电、航运等目的。自中华人民共和国成立以来，我国高度重视水利工程的修建。截至 2020 年中国共有水库 98 566 座，总库容 9 306 亿 m^3（中华人民共和国水利部，2021）。一座座水库将高峡连作平湖，极大地改变了天然河道的径流特征（Haddeland et al.，2014，2006；Hanasaki et al.，2006）。

为提高径流预报精度，在水文模拟过程中考虑大型水库的影响十分有必要（李蔚 等，2018）。然而，实际操作中水库运行的复杂性给考虑水库调蓄的径流模拟研究带来了困难。国内在这方面已开展了一些研究，如初京刚（2012）对土壤和水评估工具（soil and water assessment tool，SWAT）模型中考虑小型水库、塘坝的水文模拟方法进行改进，提出了考虑中小型水库、塘坝信息的分布式水文模拟方法；李蔚等（2018）改进了 SWAT 模型的水库模块，增加了基于供水发电调度规则的水库出库流量模拟算法，以提高径流模拟效果。然而，由于水库调蓄的复杂性，大多数研究者在水文模拟工作中都忽略了水库的调蓄行为（Chen et al.，2020；Liu et al.，2017）。

相比之下，国外考虑水库影响的径流模拟研究略多，最常采用的研究工具是分布式水文模型，通过在分布式水文模型中加入水库变量或水库算法来实现水库模拟。常用的分布式水文模型有 SWAT 模型（Men et al.，2019；初京刚，2012；Wu and Chen，2012；Neitsch et al.，2011；Hotchkiss et al.，2000）、可变下渗能力（variable infiltration capacity，VIC）模型（Haddeland et al.，2014，2006）、雨洪管理模型（storm water management model，SWMM）（Koch et al.，2018）等。一般采用水量平衡原理处理水库的入库流量、出库流量与库区降水、蒸发等的关系，其中入库流量为上游河段的模拟流量，降水、蒸发等水文要素容易获得，难点在于水库出库流量的计算（李蔚 等，2018）。现有的水库出库流量计算方法主要分为两类：①基于调度规则的出库流量计算；②基于优化算法的出库流量计算。其中，前者应用更为广泛。例如，Hanasaki 等（2006）将 452 座独立运行的水库纳入全球汇流模型总径流整合路径（total runoff integrating pathways，TRIP）中，按水库的功能将其分为供水型水库和非供水型水库，供水型水库的目标泄流量由多年平均入库流量与每月灌溉需水量共同确定，非供水型水库的目标泄流量设为多年入库流量的月均值。与以往忽略水库或用天然湖泊出流代替水库出流的径流模拟相比，此算法降低了出库流量模拟的均方根误差。Zhao 等（2016）在分布式土壤植被水文模型（distributed hydrology soil vegetation model，DHSVM）中嵌入水库模拟组件，旨在降低洪水风险、提高供水可靠性。根据水库是否承担防洪任务、下游需水量和当前库容等信息计算出库流量。Wu 和 Chen（2012）提出了一种基于运行规则的多年调节型水库逐日出库流量计算方法，并耦合到大尺度水文模型 SWAT 模型中，与多元线性回归法和 SWAT 模型自带的目标蓄水量法相比，新方法能更好地模拟水库蓄水量和出库流量。另外，其他研究者（Men et al.，2019；Koch et al.，2018；Biemans et al.，2011；Hanasaki et al.，2008）的研究也都采用基于运行规则的水库出库流量计算方法。相比之下，基于优化算法的水库出库流量模拟研究较少，代表性学者有 Haddeland 等（2014，2006），其在 VIC 模型中嵌入基于复合型混合演化-亚利桑那大学（shuffled complex evolution-University of Arizona，SCE-UA）优化算法的水库模拟模块，根据不同调度功能对应的目标函数，基于水库入库流量、库容、下游用水用电需求等资料求解水库的最优下泄过程。优化算法因运用过程中需对每个模拟步长寻优，计算量大，因此目前并未广泛用于流域水文模拟，而是更适用于水资源或政策评估。相反，基于调度规则的出库流量计算方法则非常高效，更适用于径流模拟（李蔚 等，2018）。

　　虽然分布式水文模型在考虑水库运行方面有其先天优势，也存在少数研究者采用集总式水文模型来考虑水库的影响。Payan 等（2008）将观测到的流域内水库蓄水量变化作为新的水库变量输入集总式水文模型 GR4J（modèle du Génie Rural à 4 paramètres Journalier）中，进行流域总出口径流的模拟。相比于忽略水库影响的径流模拟，此做法显著提高了低流量过程的模拟效果，为集总式水文模型在水库控制流域的径流模拟研究开辟了新途径。然而，此方法需要以流域蓄水量变化为水文模型的输入，且未考虑水库的入库流量、蒸发、出库流量等关键要素，故不适用于水库出库流量的模拟。虽然许多研究尝试通过对水库调蓄行为进行模拟，以提高径流预报的精度，但水库调蓄受众多因素影响，应用于径流预报实践中的很少，仍有待进一步深入研究。

3.2　考虑水库调蓄的短期径流模拟

　　近年来，随着人工智能与数据挖掘技术的发展，数据驱动的机器学习在众多领域开始发挥重要作用。机器学习虽不具有明确的物理机制，但可以通过对已有数据的学习，达到模拟复杂多维目标的效果，该方法非常适合解决水库调度的多维非线性问题。机器学习建立在对水库历史运行数据学习的基础上，模拟决策变量（出库流量）与其解释因子的调度模型。前期研究发现，支持向量机回归（support vector regression，SVR）模型（林剑艺和程春田，2006）、长短期记忆（long short-term memory，LSTM）模型（顾逸，2018；Hochreiter and Schmidhuber，1997）和 RF（严梦佳 等，2018；赵铜铁钢 等，2012）可以模拟水库的调蓄行为。因此，本书采用 SVR 模型、LSTM 模型、RF 三种机器学习模型模拟短期预报中的水库运行。

　　SVR 模型的基本原理是建立决策变量 y_i 与其解释因子 x_i 之间的非线性回归模型 $f(x_i)$ ［式（3-1）］。不同于传统回归算法，SVR 模型允许模拟值 $f(x_i)$ 与决策变量 y_i 之间存在偏差 ε，认为只要 $f(x_i)$ 与 y_i 之间的偏差在 $\pm\varepsilon$（称为间隔带）之内，则预报是准确的（图 3-1），落入其中的样本不计算损失；而当偏差在间隔带之外，开始计算损失。

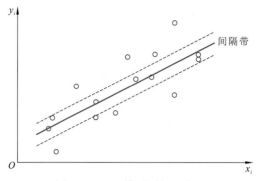

图 3-1　SVR 模型回归示意图

$$f(x_i) = w \cdot \phi(x_i) + b \tag{3-1}$$

式中：b 为参数，需通过损失函数优化求解；ϕ 为变换函数；w 为各解释因子的权重。

　　LSTM 模型是一种复杂的循环神经网络（recurrent neural network，RNN）模型，它采用记忆块代替 RNN 模型中的隐含层。每个记忆块由输入门、输出门、遗忘门及记忆细胞组成，如图 3-2 所示。通过记忆细胞，LSTM 模型可长时间保留某些信息。图 3-2 中 x_t 为 t 时刻的自变量（不同时段入/出库流量、水位、蓄水量等），h_{t-1} 为上一时刻上层节点输出，i_t、o_t、f_t 分别是输入门、输出门与遗忘门，c_in_t 为输入转换函数，c_t 为状态更新函数，h_t 传递到下层输入。多个记忆块循环可以最终得到目标输出（出库流量）。

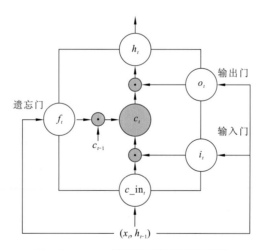

图 3-2　LSTM 模型记忆块原理示意图

　　RF 由多个决策树的集合组成，如图 3-3 所示。决策树的树状结构包括决策节点、枝、叶，最终形成一系列的决策规则，用于数据挖掘中的分类或回归问题。分类 RF 中的决策树最终会将数据集空间划分为多个类别（叶），每个类别都包含一组规则（决策节点、枝），这些规则将数据集空间分开。回归 RF 中的决策树获取每个类别（叶）中目标变量的平均值，并储存相应的规则。为了进行回归，常用的决策节点选取标准为式（3-2）中的最小化相对误差之和。

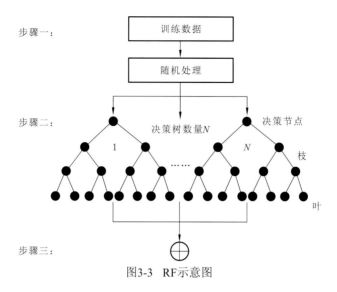

图3-3　RF示意图

$$\arg\min[\mathrm{RE}(d)] = \arg\min\left[\sum_{l=1}^{L}(y_l - y_L)^2 + \sum_{r=1}^{R}(y_r - y_R)^2\right] \tag{3-2}$$

式中：y_l 和 y_r 为决策节点的左、右分支，两分支拥有的变量数量分别为 L 和 R；y_L 和 y_R 为左、右分支输出变量的平均值；d 为决策节点的划分规则。

在基于人工智能算法的水库行为模拟中，可以将水库行为理解为解释因子和决策变量（出库流量）间的映射，这个映射由人工智能算法学习得出。因此，当决策变量固定时，不同于需要以参数和公式形式描述水库行为的传统模型，人工智能算法更关注于解释因子的选择和处理。在选择方面，首先需要结合专家经验挑选出对于出库流量来说具有物理意义的解释因子，如不同时段的入/出库流量、坝前/后水位、蓄水量，水库控制区域内的降水、蒸发，相对湿度，温度等。在处理方面，主要分为遗漏值填充及标准化。遗漏值填充采用水文数据处理中常用的线性插值方法。由于输入数据量纲不一，使用基于特征值的均值和标准差进行数据的标准化。经过解释因子的挑选和处理后，形成特征向量。这个特征向量包含了与决策变量（出库流量）强相关的解释因子，并且数据均值为 0，标准差为 1，条件良好，具有建模条件。将特征向量输入 SVR 模型、LSTM 模型和 RF 中，以出库流量为目标，并以均方差（MSE）指标为损失函数，通过 SVR 模型、LSTM 模型和 RF 进行水库调蓄行为学习。学习后的 SVR 模型、LSTM 模型和 RF 即可应用于同类型特征向量下出库流量的模拟。

短期水库行为模拟以小时为时间尺度，综合考虑流域汇水时间和专家经验，影响因子选择当前时段至前 9 个时段逐时段入库流量、出库流量和水库水位，决策变量为下一时段的出库流量。鲁布革水库采用 2008 年 1 月～2021 年 5 月逐小时资料，云鹏水库采用 2009 年 3 月～2021 年 5 月逐小时资料，其中各水库系列前面的数据用于进行模型率定，后面的数据用于进行模型验证。

为检测模拟性能，在模型验证期采用纳什效率系数（NSE）和水量误差（VE）评价出库流量的模拟精度（计算公式见第 7 章），结果如表 3-1 所示。

表 3-1　模型验证期出库流量模拟精度

模型	鲁布革水库		云鹏水库	
	NSE	VE/%	NSE	VE/%
LSTM 模型	0.90	2.52	0.75	2.37
SVR 模型	0.89	3.56	0.74	4.46
RF	0.89	1.30	0.72	2.36

由表 3-1 可知，各机器学习模型对鲁布革水库调蓄行为的模拟总体上优于对云鹏水库调蓄行为的模拟。LSTM 模型和 RF 均表现出良好的性能，但 SVR 模型的模拟精度较低。相较于 RF，LSTM 模型模拟结果的 NSE 更高，在鲁布革水库 NSE 可达 0.90，在云鹏水库可达 0.75；相较于 LSTM 模型，RF 模拟结果的水量误差更低，在鲁布革水库仅为 1.30%，而在云鹏水库和 LSTM 模型基本一致。结合计算效率进行考虑，在短期径流预报中最终选择 LSTM 模型进行小时尺度水库行为模拟。

在采用 LSTM 模型对上游云鹏水库和鲁布革水库进行行为模拟时，初选多时段入库流量 $I_{t-x} \sim I_{t+x}$ 和本时段库水位 V_t 为自变量，本时段出库流量 R_t 为因变量，构建 LSTM 模型。通过比较自变量有无水位对模拟效果的影响发现（表 3-2），将 V_t 选作自变量不仅会增加模型冗余度，而且会使对水库行为的模拟效果略有降低，故最终将 $I_{t-x} \sim I_{t+x}$ 作为自变量，R_t 为因变量。

表 3-2　自变量有无水位对模拟效果的影响

水位	鲁布革水库		云鹏水库	
	NSE	VE/%	NSE	VE/%
自变量有水位	0.82	2.72	0.54	1.74
自变量无水位	0.82	1.26	0.54	0.42

3.2.1　鲁布革水库

不同前后影响时段 x 下出库流量的模拟效果有所差别。通过逐渐增大前后影响时段 x 的值，得到小时尺度鲁布革水库不同前后影响时段 x 下 LSTM 模型模拟出库流量的 NSE，如表 3-3 所示。

表 3-3　不同前后影响时段下鲁布革水库出库流量的模拟效果

x	0	1	2	3	4	5	6
NSE	0.899 2	0.900 2	0.894 9	0.899 3	0.904 5	0.901 8	0.903 6

由表 3-3 中的结果可知, 对于鲁布革水库, 前后影响时段选择 $t-4\sim t+4$ 最优。因此, 后续将 $I_{t-4}\sim I_{t+4}$ 作为水库调度函数的自变量, 使用 LSTM 模型计算水库出库流量。

采用 2008 年 1 月~2017 年 12 月的数据率定 LSTM 模型, 使用 2018 年 1 月~2021 年 5 月的数据验证模型模拟水库出库流量的效果。模型效果的评价准则采用 NSE 和 VE 两个指标。鲁布革水库出库流量的模拟效果见表 3-4、图 3-4~图 3-6。由此可见, 率定期 NSE=0.91, VE=0.80%; 验证期 NSE=0.91, VE=0.79%。总地来说, 模拟出库流量与实测出库流量的一致性较好, 验证了 LSTM 模型对鲁布革水库行为模拟的可靠性。

表 3-4　LSTM 模型拟合鲁布革水库出库流量的效果

指标	率定期 (2008 年 1 月~2017 年 12 月)	验证期 (2018 年 1 月~2021 年 5 月)
NSE	0.91	0.91
VE/%	0.80	0.79

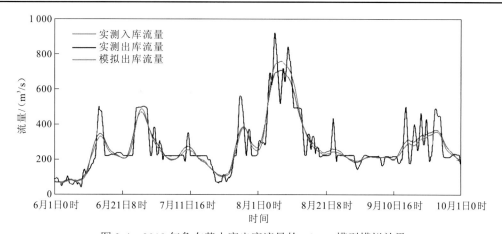

图 3-4　2018 年鲁布革水库出库流量的 LSTM 模型模拟效果

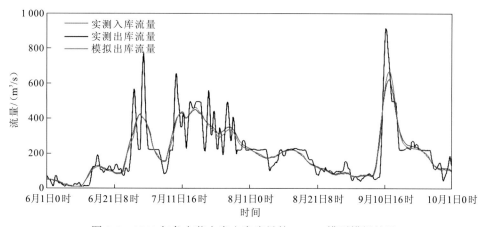

图 3-5　2019 年鲁布革水库出库流量的 LSTM 模型模拟效果

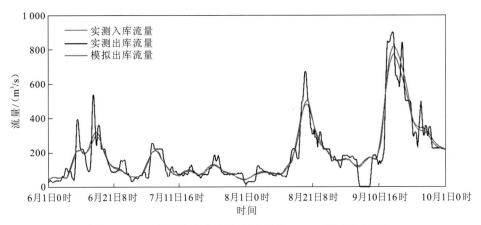

图 3-6　2020 年鲁布革水库出库流量的 LSTM 模型模拟效果

3.2.2　云鹏水库

同样地，通过逐渐增大前后影响时段 x 的值，得到小时尺度云鹏水库不同前后影响时段 x 下 LSTM 模型模拟出库流量的 NSE，如表 3-5 所示。由表 3-5 可知，对于云鹏水库，前后影响时段选择 $t-5 \sim t+5$ 最优。因此，后续将 $I_{t-5} \sim I_{t+5}$ 作为水库调度函数的自变量，使用 LSTM 模型计算水库出库流量。

表 3-5　不同前后影响时段下云鹏水库出库流量的模拟效果

x	0	1	2	3	4	5	6
NSE	0.745 4	0.745 6	0.744 6	0.727 6	0.744 4	0.746 3	0.743 7

采用 2009 年 3 月～2017 年 12 月的数据率定 LSTM 模型，使用 2018 年 1 月～2021 年 5 月的数据验证模型的效果。云鹏水库出库流量的模拟效果见表 3-6、图 3-7～图 3-9。由此可见，率定期 NSE=0.85，VE=1.81%；验证期 NSE=0.75，VE=0.64%。总地来说，模拟出库流量与实测出库流量的一致性较好，验证了 LSTM 模型对云鹏水库行为模拟的可靠性。

表 3-6　LSTM 模型拟合云鹏水库出库流量的效果

指标	率定期 （2009 年 3 月～2017 年 12 月）	验证期 （2018 年 1 月～2021 年 5 月）
NSE	0.85	0.75
VE/%	1.81	0.64

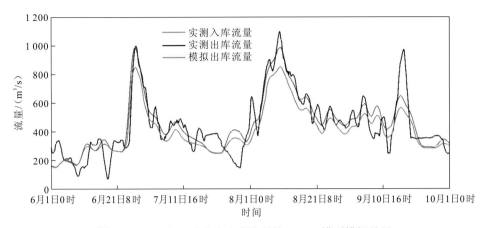

图 3-7　2018 年云鹏水库出库流量的 LSTM 模型模拟效果

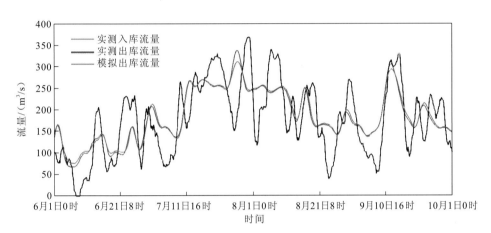

图 3-8　2019 年云鹏水库出库流量的 LSTM 模型模拟效果

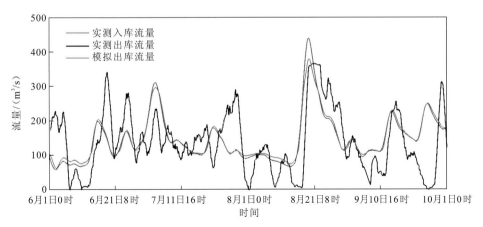

图 3-9　2020 年云鹏水库出库流量的 LSTM 模型模拟效果

3.3 考虑水库调蓄的中期径流模拟

在实际的水库调度中，水库调度函数法就是选取水库资料中的自变量与因变量建立起函数关系，以此来指导水库实际运行。水库调度函数法具有易于实现、解释性强等特点，因此本节基于水库调度函数法模拟水库日尺度的调度行为。水库调度函数的因变量可以是时段平均下泄流量或出力，也可以是时段末的水库蓄水量或水位。

本节在为上游水库（云鹏水库、鲁布革水库）建立水库调度函数的过程中，初选多时段入库流量 $I_{t-x} \sim I_{t+x}$ 和本时段库水位 V_t 为自变量，本时段出库流量 R_t 为因变量，构建多元线性回归模型。采用最小二乘拟合法，即以残差平方和最小为目标求解多元线性回归模型（李英晶 等，2016）。为降低异常值对回归系数的干扰，使其能更准确地反映变量间的主要关系，本节引入工程实际常用的依拉达准则（即 3σ 准则）剔除回归异常值。先假设残差序列 δ 只含随机误差，计算其标准差 σ，确定区间 $(-3\sigma, 3\sigma)$ 内为合理值，超出此区间的残差项不再属于随机误差，而是粗大误差，因此剔除含有该误差的数据。

通过短期水库行为模拟可以发现，将 V_t 选作自变量不仅会增加模型冗余度，而且会降低水库行为的模拟能力，故最终将 $I_{t-x} \sim I_{t+x}$ 作为自变量，R_t 为因变量。

3.3.1 鲁布革水库

不同前后影响时段 x 会拟合出不同的水库调度函数，对出库流量的模拟效果也会有差别。考虑到小时尺度鲁布革水库前后影响时段为 $t-4 \sim t+4$，因此日尺度的鲁布革水库前后影响时段选择 $t-1 \sim t+1$。后续将 $I_{t-1} \sim I_{t+1}$ 作为水库调度函数的自变量。通过多元线性回归模型求得水库调度函数，并用作水库出库流量计算的依据。

对于鲁布革水库，选取 2008 年 1 月～2021 年 5 月的水库运行资料进行多元线性回归模型构建，其中，2008 年 1 月～2017 年 12 月的数据用于率定多元线性回归模型的系数，得到的鲁布革水库调度函数如下：

$$R_t = 2.27 - 1.08I_{t-1} + 3.14I_t - 1.07I_{t+1} \tag{3-3}$$

式中：R_t 为 t 时段的出库流量（m³/s）；$I_{t-1} \sim I_{t+1}$ 为 $t-1 \sim t+1$ 不同时段的入库流量（m³/s）。

由鲁布革水库调度函数各自变量的相关系数可以看出，当前时段的出库流量与当前时段和上一时段的入库流量相关度最高，与当前时段相隔越远，相关度越低。

采用 2018 年 1 月～2021 年 5 月的数据验证多元线性回归模型的效果，仍然采用 NSE 和 VE 评价模型表现。鲁布革水库出库流量的回归效果见表 3-7、图 3-10～图 3-12。率定期 NSE=0.93，VE=0.81%；验证期 NSE=0.92，VE=0.80%。总地来说，模拟出库流量与实测出库流量的一致性较好，表明水库调度函数法对鲁布革水库日调节进行模拟的表现较好。

表 3-7　多元线性回归模型拟合鲁布革水库出库流量的效果

指标	率定期 （2008 年 1 月～2017 年 12 月）	验证期 （2018 年 1 月～2021 年 5 月）
NSE	0.93	0.92
VE/%	0.81	0.80

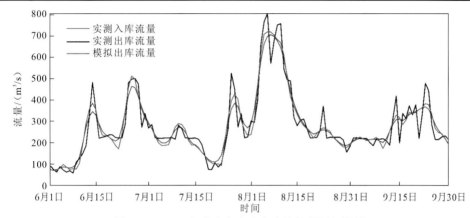

图 3-10　2018 年鲁布革水库出库流量的回归效果

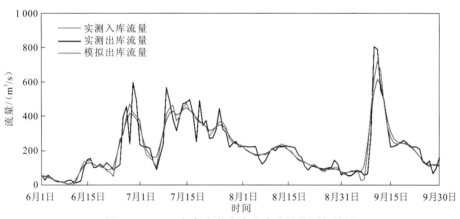

图 3-11　2019 年鲁布革水库出库流量的回归效果

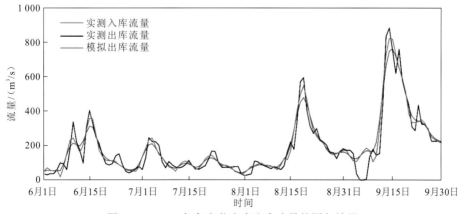

图 3-12　2020 年鲁布革水库出库流量的回归效果

3.3.2 云鹏水库

考虑到小时尺度云鹏水库前后影响时段为 $t-5\sim t+5$，因此日尺度的云鹏水库前后影响时段也选择 $t-1\sim t+1$。后续将 $I_{t-1}\sim I_{t+1}$ 作为水库调度函数的自变量。通过多元线性回归模型求得水库调度函数，并用作水库出库流量计算的依据。

对于云鹏水库，选取 2009 年 3 月～2021 年 5 月的水库运行资料构建多元线性回归模型，其中 2009 年 3 月～2017 年 12 月的数据用于率定多元线性回归模型的系数，得到的云鹏水库调度函数如下：

$$R_t=12.8+0.24I_{t-1}+0.56I_t+0.07I_{t+1} \tag{3-4}$$

式中：R_t 为 t 时段的出库流量（m^3/s）；$I_{t-1}\sim I_{t+1}$ 为 $t-1\sim t+1$ 不同时段的入库流量（m^3/s）。

由云鹏水库调度函数各自变量的相关系数可以看出，当前时段的出库流量与当前时段和上一时段的入库流量相关度最高，与当前时段相隔越远，相关度越低。

2018 年 1 月～2021 年 5 月的数据用于验证多元线性回归模型的效果。云鹏水库出库流量的回归效果见表 3-8、图 3-13～图 3-15。率定期 NSE＝0.87，VE＝0.72%；验证期 NSE＝0.76，VE＝0.65%。总地来说，模拟出库流量与实测出库流量的一致性较好，表明水库调度函数法对云鹏水库日调节进行模拟的表现较好。

表 3-8 多元线性回归模型拟合云鹏水库出库流量的效果

指标	率定期 （2009 年 3 月～2017 年 12 月）	验证期 （2018 年 1 月～2021 年 5 月）
NSE	0.87	0.76
VE/%	0.72	0.65

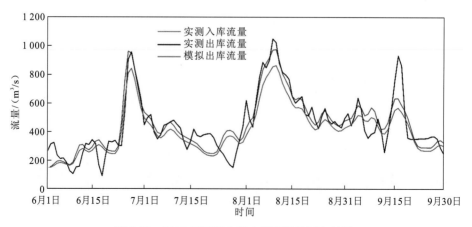

图 3-13 2018 年云鹏水库出库流量的回归效果

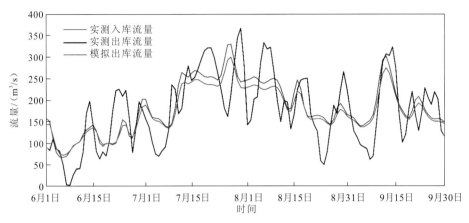

图 3-14　2019 年云鹏水库出库流量的回归效果

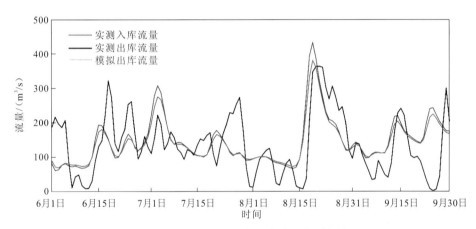

图 3-15　2020 年云鹏水库出库流量的回归效果

3.4　本 章 小 结

为提高径流预报精度，对流域内大中型水库调蓄行为进行模拟是十分必要的。然而，实际操作中水库运行的复杂性给考虑水库调蓄的径流模拟研究带来了困难。本章以天一水库入库流量预报为对象，采用机器学习和水库调度函数法分别从短期、中期两种时间尺度对上游鲁布革水库与云鹏水库两座大型水库的行为进行了模拟。具体而言，小时尺度上，在比较三种机器学习模型的基础上，选择 LSTM 模型模拟水库行为；日尺度上，采用多元线性回归模型模拟水库行为，得出的主要结论如下。

（1）比较三种机器学习模型的模拟效果发现，LSTM 模型对小时尺度的水库调蓄行为模拟效果最好，其 NSE 最高。使用 LSTM 模型模拟的出库流量与实测出库流量的一致性较好，验证了 LSTM 模型的可靠性。对于鲁布革水库，当前时段的出库流量主要与前四个时段至未来四个时段的入库流量有关，而对于云鹏水库，当前时段的出库流量主要与前五个时段至未来五个时段的入库流量有关。

（2）多元线性回归模型能较好地模拟鲁布革水库和云鹏水库日尺度的水库调蓄行为。拟合的水库调度函数表明，对于鲁布革水库和云鹏水库，当日的出库流量主要与前一天至未来一天的入库流量有关。

参 考 文 献

初京刚, 2012. 基于多源信息的分布式水文模拟及优化算法应用研究[D]. 大连：大连理工大学.

顾逸, 2018. 基于长短期记忆循环神经网络及其结构约减变体的中长期径流预报研究[D]. 武汉：华中科技大学.

李蔚, 陈晓宏, 何艳虎, 等, 2018. 改进 SWAT 模型水库模块及其在水库控制流域径流模拟中的应用[J]. 热带地理, 38(2): 226-235.

李英晶, 李新, 田长涛, 2016. 多元回归法在伊春河流域枯季径流预报中的应用[J]. 水利规划与设计(2): 36-37, 40.

林剑艺, 程春田, 2006. 支持向量机在中长期径流预报中的应用[J]. 水利学报, 37(6): 681-686.

严梦佳, 钟平安, 闫海滨, 等, 2018. 基于随机森林的水电站发电调度规则研究[J]. 水力发电, 44(1): 85-89.

赵铜铁钢, 杨大文, 蔡喜明, 等, 2012. 基于随机森林模型的长江上游枯水期径流预报研究[J]. 水力发电学报, 31(3): 18-24, 38.

中华人民共和国水利部, 2021. 中国水利统计年鉴 2021[M]. 北京：中国水利水电出版社.

BIEMANS H, HADDELAND I, KABAT P, et al., 2011. Impact of reservoirs on river discharge and irrigation water supply during the 20th century[J]. Water resources research, 47(3): 1-15.

CHEN Q H, CHEN H, ZHANG J, et al., 2020. Impacts of climate change and LULC change on runoff in the Jinsha River Basin[J]. Journal of geographical sciences, 30(1): 85-102.

HADDELAND I, HEINKE J, BIEMANS H, et al., 2014. Global water resources affected by human interventions and climate change[J]. Proceedings of the national academy of sciences, 111(9): 3251-3256.

HADDELAND I, SKAUGEN T, LETTENMAIER D P, 2006. Anthropogenic impacts on continental surface water fluxes[J]. Geophysical research letters, 33(8): L8406.

HANASAKI N, KANAE S, OKI T, 2006. A reservoir operation scheme for global river routing models[J]. Journal of hydrology, 327(1/2): 22-41.

HANASAKI N, KANAE S, OKI T, et al., 2008. An integrated model for the assessment of global water resources part 1: Model description and input meteorological forcing[J]. Hydrology and earth system sciences, 12(4): 1007-1025.

HOCHREITER S, SCHMIDHUBER J, 1997. Long short-term memory[J]. Neural computation, 9(8): 1735-1780.

HOTCHKISS R H, JORGENSEN S F, STONE M C, et al., 2000. Regulated river modeling for climate change impact assessment: The Missouri river[J]. Journal of the American water resources association,

36(2): 375-386.

KOCH H, LIERSCH S, DE AZEVEDO J R G, et al., 2018. Assessment of observed and simulated low flow indices for a highly managed river basin[J]. Hydrology research, 49(6): 1831-1846.

LIU X W, PENG D Z, XU Z X, 2017. Identification of the impacts of climate changes and human activities on runoff in the Jinsha River Basin, China[J]. Advances in meteorology, 2017: 4631831.

MEN B H, LIU H L, TIAN W, et al., 2019. The impact of reservoirs on runoff under climate change: A case of Nierji Reservoir in China[J]. Water, 11(5): 1005.

NEITSCH S L, ARNOLD J G, KINIRY J R, et al., 2011. Soil and water assessment tool theoretical documentation version 2009 [R]. Texas: Texas Water Resources Institute.

PAYAN J L, PERRIN C, ANDRÉASSIAN V, et al., 2008. How can man-made water reservoirs be accounted for in a lumped rainfall-runoff model?[J]. Water resources research, 44(3): 1-11.

WU Y P, CHEN J, 2012. An operation-based scheme for a multiyear and multipurpose reservoir to enhance macroscale hydrologic models[J]. Journal of hydrometeorology, 13(1): 270-283.

ZHAO G, GAO H L, NAZ B S, et al., 2016. Integrating a reservoir regulation scheme into a spatially distributed hydrological model[J]. Advances in water resources, 98: 16-31.

第4章 短期径流预报

短期径流预报对于水库防洪、发电及综合调度均具有重要意义。本章以天一流域为研究对象，建立短期径流预报模型，开展预见期为 1～36 h 的径流预报。采用的水文模型为喀斯特新安江模型。新安江模型因其简单的模型结构、物理意义清晰的模型参数及较高的模拟精度而被广泛应用于湿润和半湿润地区的径流预报、洪水预报及水资源管理。同时，由于天一流域内石灰岩分布较广，是我国典型的喀斯特地区，所以在新安江模型的基础上研发了适用于喀斯特地区的喀斯特新安江模型以开展径流预报。具体而言，将天一水库控制的流域分为小龙潭子流域、鲁布革子流域、云鹏区间、猫街子流域、马岭子流域、天一区间 6 大分区，建立了以喀斯特新安江模型为产汇流模型、以分段马斯京根（Muskingum）模型为河道演算模型的天一流域分区洪水预报方案。

采用水文模型开展径流预报时，误差是客观存在的。预报误差包括模型自身的误差及输入资料的误差，前者包括模型结构、模型参数和模型初始状态等造成的误差，而输入资料的误差主要包括降水、蒸发等观测误差。随着预报时间的推移，预报误差可能会逐渐累积，从而影响预报精度。因此，本章还开展了基于无迹卡尔曼滤波的预报误差实时校正研究，基于无迹卡尔曼滤波的实时校正预报模型能够实时校正前期土壤含水量等状态变量，进一步提高径流预报的精度。

4.1 基于喀斯特新安江模型的小时径流模拟

4.1.1 喀斯特新安江模型构建

1. 新安江模型介绍

新安江模型是由赵人俊（1984）提出的一种集总式水文模型。该模型适用于湿润地区和半湿润地区在湿润季节的水文预报，是我国少有的在世界范围内有着广泛影响的水文模型（芮孝芳 等，2012）。目前广泛使用的模型版本为三水源新安江模型，新安江模型的结构见图 4-1，参数介绍表见表 4-1，共包括以下过程。

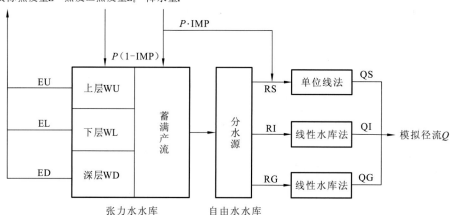

图 4-1 新安江模型的结构示意图

WU、WL、WD 分别为上层、下层、深层土壤含水量，单位为 mm；EU、EL、ED 分别为上层、下层、深层蒸散发量，单位为 mm；RS、RI、RG 分别为地面径流、壤中流、地下径流量，单位为 mm；QS、QI、QG 分别为地面径流、壤中流、地下径流出口流量，单位为 m³/s

表 4-1 新安江模型参数分类及物理意义

类别	参数	参数物理意义	参数范围
蒸散发参数	KE	流域蒸散发折算系数	[0.7, 1.3]
	C	深层蒸散发折算系数	[0.15, 0.2]
产流参数	WM	张力水蓄水容量	[120, 150] mm
	WUM	上层张力水蓄水容量	[10, 30] mm
	WLM	下层张力水蓄水容量	[60, 90] mm
	B	张力水蓄水容量曲线方次	[0.35, 0.6]
	IMP	不透水面积比例	[0.01, 0.04]
分水源参数	SM	自由水蓄水容量	[10, 50] mm
	EX	自由水蓄水容量曲线方次	[1, 1.5]

续表

类别	参数	参数物理意义	参数范围
分水源参数	KI	壤中流出流系数	[0.05, 0.4]
	KG	地下水出流系数	[0.6, 0.8]
汇流参数	CI	壤中流消退系数	[0.5, 0.9]
	CG	地下水消退系数	[0.9, 0.998]
	CS	地表水消退系数	[0.9, 0.999]

（1）流域蒸散发和土壤含水量计算。采用三层蒸散发模式，即将土层分为上层、下层和深层三层，降雨先补充上层，然后补充下层和深层，蒸散发则先消耗上层的土壤含水量，不足部分再依次消耗下层和深层的土壤含水量，有 6 个参数，分别为 WM、WUM、WLM、KE、C 和 IMP。

（2）产流计算。流域产流采用蓄满产流模式，其中用蓄水容量曲线来控制流域对降水量的分配，从而计算流域总径流量，有 1 个参数，即 B。

（3）水源划分。采用自由水蓄水容量曲线将总产流划分为地面产流、壤中流和地下产流，有 4 个参数，分别为 EX、SM、KI 和 KG。

（4）流域汇流。地面径流汇流一般采用单位线法，壤中流和地下径流的汇流则采用线性水库法，有 3 个参数，分别为 CI、CG 和 CS。

新安江模型的输入为日平均降水量（单位：mm/d）、蒸发皿蒸发量（单位：mm/d），主要模型输出为流域出口断面流量（单位：m³/s）。当无蒸发皿蒸发数据时，可采用 Oudin 公式（Oudin et al.，2005a，2005b）等方法计算潜在蒸发量，Oudin 公式可以通过平均气温推求出该区域内的潜在蒸发量。

2. 喀斯特蓄水库结构

天一流域内石灰岩分布较广，属于典型的喀斯特地区。喀斯特地区的地表土层和地下岩性都与普通土壤覆盖区有很大差异，具体表现在：①流域地表土壤发育差、覆盖层薄，因此地面植被也较差，存在快速喀斯特径流；②岩层孔洞裂隙发达，其间具有直接喀斯特径流；③喀斯特地区存在较大的地下水蓄水库容，因此喀斯特地下径流不可忽略。因此，为了适应天一流域特殊下垫面性质的径流模拟，本节在新安江模型的基础上构建了适用于喀斯特地区的喀斯特新安江模型（鄢康 等，2022）。喀斯特新安江模型把流域划分为喀斯特面积、不透水面积和非喀斯特透水面积。不透水面积和非喀斯特透水面积是上述新安江模型中已有的，仍依照原模型处理。对于喀斯特面积，由附加喀斯特蓄水库结构表达其径流特性，如图 4-2 所示。

根据图 4-2，流域喀斯特面积比例 I_K 上的降水 P 扣除本时段蒸发 EM 后进入喀斯特水库 V_1。分别按直接喀斯特出流系数 K_{KB} 和地下喀斯特出流系数 K_{KG} 计算直接喀斯特径流 R_{KB} 和地下喀斯特径流 R_{KG}。当 V_1 的当前蓄量 S_K 超过 V_1 的最大蓄水容量 K_M 时，超过部分作为快速喀斯特径流 R_{KS}。V_1 中有一部分蓄量只能以地下径流方式排出，为模拟

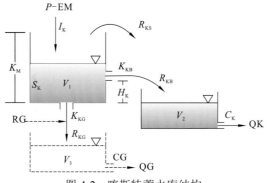

图 4-2 喀斯特蓄水库结构

这种情况，在 V_1 中设置门限参数 H_K（喀斯特水库阈值），只有当 S_K 超过 H_K 时才有 R_{KB} 产生。以上产流过程可由式（4-1）～式（4-3）表达。

$$R_{KS} = \begin{cases} S_K - K_M, & S_K > K_M \\ 0, & S_K \leqslant K_M \end{cases} \quad (4-1)$$

$$R_{KB} = \begin{cases} K_{KB} \times (K_M - H_K), & S_K \geqslant K_M \\ K_{KB} \times (S_K - H_K), & H_K < S_K < K_M \\ 0, & S_K \leqslant H_K \end{cases} \quad (4-2)$$

$$R_{KG} = K_{KG} \times S_K \quad (4-3)$$

在汇流阶段，不同水文特性的产流进行汇合。①快速喀斯特径流 R_{KS}、非喀斯特地区透水面积的地面径流 RS 及不透水面积地面径流 RB 合并为总地面径流，使用传统新安江模型中的地面汇流模块进行汇流计算；②地下喀斯特径流 R_{KG} 和非喀斯特地区透水面积的地下径流 RG 合并为总地下径流，如图 4-2 中线性水库 V_3 所示，使用传统新安江模型中的地下汇流模块（线性水库法）进行汇流计算；③RI 仍使用传统新安江模型中的壤中流汇流模块（线性水库法）进行汇流计算；④直接喀斯特径流 R_{KB} 使用线性喀斯特水库 V_2 进行汇流计算，以模拟岩溶表层带对直接喀斯特径流的调蓄作用，其消退系数为 C_K，可以得到直接喀斯特径流 R_{KB} 的计算出口流量 QK。同时刻各水源汇流线性叠加即为单元流域出流。

按以上原理构成的喀斯特新安江模型在原有 14 个参数的基础上新增 6 个参数，如表 4-2 所示。

表 4-2　喀斯特新安江模型新增参数分类及其物理意义

类别	参数	参数物理意义	参数范围
产流参数	I_K	喀斯特面积比例	[0.1, 0.6]
分水源参数	H_K	喀斯特水库阈值	[5, 30] mm
	K_M	喀斯特水库最大蓄水容量	[30, 50] mm
	K_{KB}	直接喀斯特出流系数	[0.1, 0.6]
	K_{KG}	地下喀斯特出流系数	[0.05, 0.15]
汇流参数	C_K	直接喀斯特径流消退系数	[0.85, 0.93]

由于喀斯特新安江模型能通过调整喀斯特面积比例，同时模拟喀斯特和非喀斯特地区，且鉴于新安江模型初步试验精度较差，所以接下来均使用喀斯特新安江模型。

3. 河道洪水演进模型

子流域出口与全流域出口通过河网连接，因此需要建立河道洪水演进模型。天然河道中的洪水是一个多因素相互作用的、高度非线性的复杂水文过程，本节将分段马斯京根模型作为河道洪水演进模型（翟国静，1997；赵人俊，1979）。分段马斯京根模型改进了马斯京根模型空间分布的线性假定，解决了马斯京根模型上、下断面流量在计算时段内和沿程变化上线性假定引起的误差，反映出了自然界河道洪水在空间上非线性演进的特点。

分段马斯京根模型的主要思想为：对于演算河段 L，按照其河道水力特性划分为 n 个子河段，相应的演算参数为 K_i、x_i。演算时段为 Δt，演算时段数用 j 表示，$j=1, 2, \cdots, m$，其中 m 为总时段数。对于第 i 个子河段，$i=1, 2, \cdots, n$，在时段 $j-1$、j 对水量平衡和槽蓄方程进行差分，得到式（4-4）～式（4-6）。

$$\frac{I_{j-1}+I_j}{2} - \frac{Q_{j-1}+Q_j}{2} = K\frac{W_j - W_{j-1}}{\Delta t} \qquad (4\text{-}4)$$

$$W_{j-1} = K[xI_{j-1} + (1-x)Q_{j-1}] \qquad (4\text{-}5)$$

$$W_j = K[xI_j + (1-x)Q_j] \qquad (4\text{-}6)$$

式中：I_j 和 Q_j 分别为第 j 个演算时段的上断面流量和下断面流量（m^3/s）；K 为槽蓄曲线的坡度；x 为流量比重系数。

对式（4-4）～式（4-6）联立求解，可得流量演算方程式（4-7）。

$$Q_j = C_0 I_j + C_1 I_{j-1} + C_2 I_{j-1} \qquad (4\text{-}7)$$

其中，

$$C_0 = \frac{0.5\Delta t - K_i x_i}{0.5\Delta t + K_i - K_i x_i} \qquad (4\text{-}8)$$

$$C_1 = \frac{0.5\Delta t + K_i x_i}{0.5\Delta t + K_i - K_i x_i} \qquad (4\text{-}9)$$

$$C_2 = \frac{K_i - 0.5\Delta t - K_i x_i}{0.5\Delta t + K_i - K_i x_i} \qquad (4\text{-}10)$$

$$C_0 + C_1 + C_2 = 1 \qquad (4\text{-}11)$$

假定 $K_1 = K_2 = \cdots = K_n$，$x_1 = x_2 = \cdots = x_n$，将第 i 个子河段的出流作为第 $i+1$ 个子河段的同时刻入流，从而得到河道出流断面的流量过程。

需要说明的是，由于分段马斯京根模型只适用于小时尺度，所以河道洪水演进模型仅在短期径流预报中建立，对于基于喀斯特新安江模型的中期径流预报不进行河道洪水演算。

4.1.2　模型参数优选方法与评价指标

针对天一流域的特性及水文条件，如何找到最优的预报模型参数是一个高维全局优化问题。本节采用 SCE-UA 优化算法自动优选模型参数（Duan et al.，1992）。SCE-UA 优化算法是全局最优搜索算法，它吸取了遗传算法、单纯形、聚类法的精髓，可以针对全局最优值进行搜索，不存在最优值所在平面粗糙及凸起性较弱的问题。同时，全局最优搜索也避免了算法陷入局部最优值中。

模型评价也是参数寻优的重要一环，本节采用纳什效率系数（NSE）和水量误差（VE）评价模型的模拟效果，NSE 和 VE 的计算公式见第 7 章。

4.1.3　流域分区与模拟方案

天一流域短期径流预报方案的建立需要考虑流域地形地貌特点、水情遥测站网分布，并重点考虑上游云鹏水库和鲁布革水库的出库流量与整个流域内的产汇流情况。根据流域具体情况，基于数字高程模型（digital elevation model，DEM），将流域划分为 6 个子流域或区间。流域分布已在 1.4.3 小节介绍，在此不再赘述。流域内主要控制站间的拓扑关系见图 4-3。

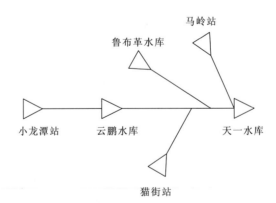

图 4-3　天一流域内主要控制站间的拓扑关系图

分区径流预报模型的参数率定基于一致的降水、径流、蒸发数据。根据降水资料，使用算术平均法计算各分区平均降水量。根据气温资料，使用 Oudin 公式计算分区潜在蒸发量。根据流量资料，使用高斯平滑法计算平滑流量。利用上述分区平均降水量、分区潜在蒸发量和平滑流量资料建立模型。模型的率定期和验证期划分见表 4-3。

表 4-3　模型率定期和验证期划分

流域分区（控制站）	率定期	验证期
小龙潭子流域（小龙潭站）	2005～2017 年汛期	2018～2020 年汛期
鲁布革子流域（鲁布革水库）	2008～2017 年汛期	2018～2020 年汛期
猫街子流域（猫街站）	2005～2012 年汛期	2014～2016 年汛期
马岭子流域（马岭站）	2005～2017 年汛期	2018～2020 年汛期
云鹏区间	2009～2016 年汛期	2018～2020 年汛期
天一区间	2009～2017 年汛期	2018～2020 年汛期

具体模拟方案如下：

（1）对于模拟节点开端且由水文站控制的小龙潭子流域、猫街子流域和马岭子流域，以单元流域出口水文站流量为目标，分别建立喀斯特新安江模型，以 SCE-UA 优化算法率定参数。

（2）对于同属于模拟节点开端，但是由水库控制的鲁布革子流域，以平滑后的入库流量为目标，建立喀斯特新安江模型，以 SCE-UA 优化算法率定参数。之后根据入库流量和第 3 章建立的小时尺度水库调蓄模型，计算鲁布革水库出库流量。

（3）对于云鹏区间，以平滑后的入库流量为目标，建立喀斯特新安江模型和分段马斯京根模型，以 SCE-UA 优化算法率定参数，之后根据入库流量和第 3 章建立的小时尺度水库调蓄模型，计算云鹏水库出库流量。

（4）对于天一区间，以平滑后的入库流量为目标，建立喀斯特新安江模型和分段马斯京根模型，以 SCE-UA 优化算法率定参数。

4.1.4　喀斯特新安江模型参数率定

基于以上模拟方案，采用 SCE-UA 优化算法对喀斯特新安江模型进行了参数率定，所得各分区率定参数见表 4-4。由表 4-4 可知，各分区参数基本在合理范围内。小龙潭子流域蒸散发折算系数 KE 偏大，达到了 1.29，这是因为小龙潭子流域面积大（15 588 km²），且模型所使用的蒸发数据由气温数据换算得到，所以蒸散发折算系数不能很好地代表流域蒸发能力和水面蒸发之间的比例。另外，小龙潭子流域的张力水蓄水容量曲线方次 B 达到了 0.57，这也是由小龙潭子流域面积大，流域内各点蓄水容量变化较大引起的。在喀斯特新安江模型中，喀斯特面积比例 I_K 是区别于新安江模型的重要参数，反映了模型在多大程度上考虑到了喀斯特流域的水文特性，而天一区间的喀斯特面积比例 I_K 达到了 0.36，说明了应用喀斯特新安江模型的必要性。

表 4-4 喀斯特新安江模型各分区率定参数

率定参数	分区					
	小龙潭子流域	鲁布革子流域	猫街子流域	马岭子流域	云鹏区间	天一区间
WM/mm	133.1	140.3	136.9	129.4	141.4	135.5
WUM/mm	25.3	15.5	14.6	15.3	5.2	16.0
WLM/mm	67.0	82.7	69.4	73.8	58.2	66.8
KE	1.29	0.81	0.97	0.95	0.86	0.99
B	0.57	0.43	0.36	0.42	0.47	0.39
SM/mm	37.8	14.9	12.8	15.7	13.7	18.2
EX	1.34	1.48	1.43	1.31	1.08	1.45
KI+KG	0.61	0.71	0.74	0.74	0.74	0.76
KI	0.09	0.23	0.18	0.33	0.12	0.39
IMP	0.02	0.03	0.01	0.02	0.01	0.04
C	0.18	0.18	0.19	0.17	0.19	0.19
CI	0.69	0.57	0.65	0.56	0.52	0.57
CG	0.927	0.991	0.991	0.997	0.986	0.997
CS	0.962	0.982	0.998	0.976	0.985	0.979
K_M/mm	37.2	42.6	35.8	38.3	37.5	36.7
H_K/mm	24.3	26.8	25.7	29.6	29.8	22.2
I_K	0.12	0.13	0.16	0.25	0.11	0.36
K_{KB}	0.13	0.42	0.40	0.55	0.43	0.49
K_{KG}	0.35	0.11	0.10	0.08	0.10	0.13
C_K	0.97	0.91	0.90	0.87	0.91	0.93
K_1	—	—	—	—	6.9	3.4
x_1	—	—	—	—	0.35	0.16
K_2	—	—	—	—	—	4.7
x_2	—	—	—	—	—	0.27
K_3	—	—	—	—	—	6.2
x_3	—	—	—	—	—	0.45
K_4	—	—	—	—	—	5.3
x_4	—	—	—	—	—	0.32

注：$K_1 \sim K_4$ 和 $x_1 \sim x_4$ 分别为对应鲁布革水库、云鹏水库、马岭站和猫街站来流的马斯京根模型参数。

各分区率定期和验证期的 NSE 与 VE 见表 4-5。由表 4-5 可知，小龙潭子流域和猫街子流域模型率定结果较差，这是因为这两个子流域年径流系数偏低，大部分在 0.3 以下，对基于蓄满产流的喀斯特新安江模型的模拟造成了一定的困难，但小龙潭站离天一区间较远，而且小龙潭站和猫街站流量都偏小，对天一区间影响有限。其余子流域率定期和验证期的模拟精度均较高，尤其是天一区间流量模拟，率定期 NSE 达到 0.94，在验证期也保持在 0.90，模型率定效果较好。

表 4-5　喀斯特新安江模型在各分区率定期和验证期的精度

分区	率定期		验证期	
	NSE	VE/%	NSE	VE/%
小龙潭子流域	0.67	1.47	0.55	1.12
鲁布革子流域	0.86	−10.75	0.77	0.75
猫街子流域	0.69	10.58	0.70	6.69
马岭子流域	0.71	−19.98	0.76	1.46
云鹏区间	0.77	−9.72	0.92	3.41
天一区间	0.94	−4.84	0.90	10.38

图 4-4 以天一区间汛期为例展示了率定期（2009～2017 年）和验证期（2018～2020 年）入库实测与模拟流量过程。总体而言，率定期天一区间径流模拟精度较高，尤其是在 2014 年汛期，模拟结果和实测结果基本一致。2011 年和 2017 年汛期模拟结果存在一些误差，但基本形状，尤其是洪峰能得到较好的模拟。验证期天一区间径流模拟精度仍较高，证明模型能较好地反映天一区间流量过程。在 2020 年径流模拟时模型存在一定的误差，主要是因为 2020 年是模型计算的最后一年，状态变量可能存在一定的误差，在实际预报时，可以通过实时校正状态变量提高预报精度。

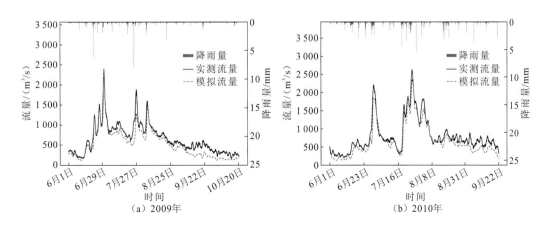

（a）2009年　（b）2010年

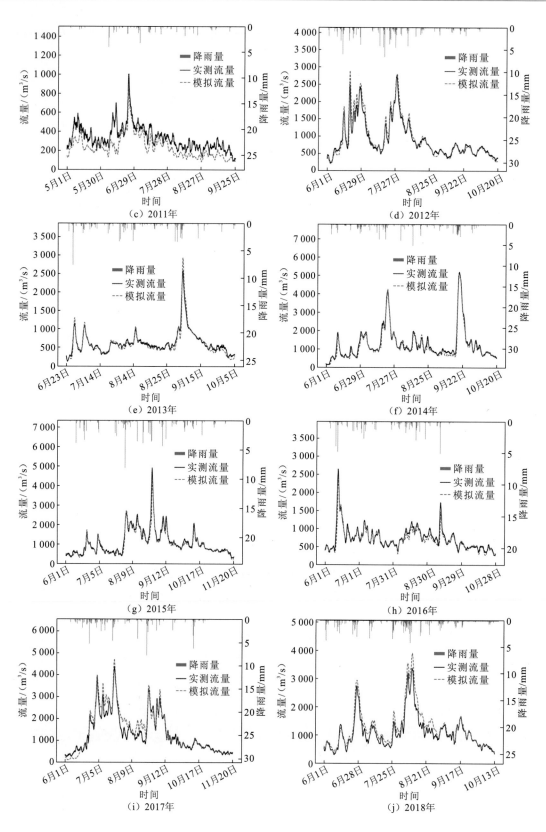

（c）2011年

（d）2012年

（e）2013年

（f）2014年

（g）2015年

（h）2016年

（i）2017年

（j）2018年

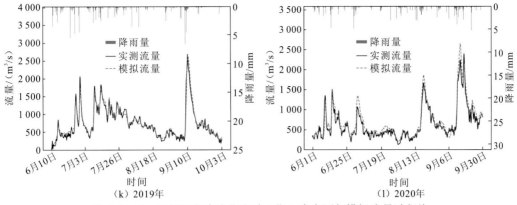

图 4-4　天一区间汛期率定期和验证期入库实测与模拟流量过程线

4.2　短期径流实时校正预报

本节中短期径流实时校正预报主要解决两个问题：①应用预报校正技术减少水文模型在预报时产生的误差；②实时校正前期土壤含水量，以提高洪水过程的实时预报精度。对此，基于无迹卡尔曼滤波的数据同化方法，构建了包括土壤含水量等状态变量的实时校正预报模型，通过实时校正预报模型的状态变量来减小径流预报误差。

4.2.1　无迹卡尔曼滤波简介

无迹卡尔曼滤波是用确定性采样策略逼近非线性分布的方法，具有实现简单、滤波精度高、收敛性好的优点（孙逸群 等，2018；张勇刚 等，2014）。其核心思想是在传统线性卡尔曼滤波算法的基础上，通过无迹变换对非线性系统状态的后验概率密度函数进行近似估计，最终得到状态变量最优估计。

将无迹卡尔曼滤波应用于水文模型实时校正时，首先需要将水文模型结构进行非线性系统描述。考虑一般性，非线性系统的离散时间状态方程和量测方程表达为

$$\begin{cases} \boldsymbol{x}_k = \boldsymbol{f}_{k-1}(\boldsymbol{x}_{k-1}) + \boldsymbol{\omega}_{k-1} \\ \boldsymbol{z}_k = \boldsymbol{h}_k(\boldsymbol{x}_k) + \boldsymbol{\upsilon}_k \end{cases} \tag{4-12}$$

式中：k 为时刻值；$\boldsymbol{x}_k$ 为系统 n 维状态向量，$\boldsymbol{x}_k \sim N(\bar{x}, \sigma_x^2)$，$\bar{x}$ 和 σ_x^2 分别为系统状态向量的均值和协方差；$\boldsymbol{z}_k$ 为 s 维量测向量；$\boldsymbol{\omega}_k$ 为 n 维系统噪声，$\boldsymbol{\omega}_k \sim N(0, \sigma_\omega^2)$，$\sigma_\omega^2$ 为系统噪声的协方差；$\boldsymbol{\upsilon}_k$ 为 s 维量测噪声，$\boldsymbol{\upsilon}_k \sim N(0, \sigma_v^2)$，$\sigma_v^2$ 为量测噪声的协方差，与系统噪声独立；$\boldsymbol{f}_k(\cdot)$ 为非线性系统状态转移函数；$\boldsymbol{h}_k(\cdot)$ 为非线性系统量测函数。

根据喀斯特新安江模型结构，系统状态变量 $\boldsymbol{x}_{RC}$ 包括上层土壤含水量 WU、下层土壤含水量 WL、深层土壤含水量 WD、自由水含水量 S、壤中流出口流量 QI、地面径流出口流量 QS、地下径流出口流量 QG，以及直接喀斯特径流的计算出口流量 QK；量测

变量 z 为流域出口断面流量 O。

$$\boldsymbol{x}_{RC} = [\text{WU}, \text{WL}, \text{WD}, S, \text{QI}, \text{QS}, \text{QG}, \text{QK}] \tag{4-13}$$

$$z = [O] \tag{4-14}$$

由非线性系统状态转移函数 $f_{RC}(\cdot)$ 和量测函数 $h_{RC}(\cdot)$ 即可完成对模型状态变量与量测变量的更新。其中，非线性系统状态转移函数 $f_{RC}(\cdot)$ 为新安江模型的四层模块计算结构，包括：蒸散发计算模块 f_E（三层土壤蒸发模型）、产流模块 f_R（蓄满产流）、水源划分模块 f_W（自由水水库）、汇流模块 f_C（单位线法和线性水库法）及各模块对应的模型参数。

$$f_{RC}(\cdot) = \{f_E, f_R, f_W, f_C\} \tag{4-15}$$

$$h_{RC}(\cdot) = \text{QS} + \text{QI} + \text{QG} + \text{QK} \tag{4-16}$$

4.2.2 前期土壤含水量实时校正

通过无迹卡尔曼滤波对前期土壤含水量进行校正，并给出校正前/后模型预报阶段结果对比。各控制站的结果分别给出如下。

1. 小龙潭站

将 2018 年 6 月 1～20 日作为前期土壤含水量校正阶段，上层土壤含水量 WU、下层土壤含水量 WL、深层土壤含水量 WD 的校正前/后结果见图 4-5。

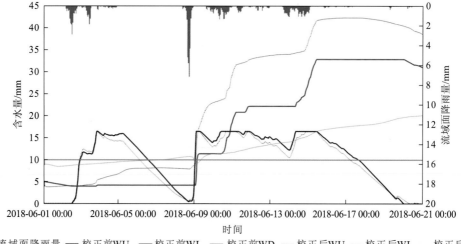

图 4-5 小龙潭站土壤含水量校正前/后过程

在对前期土壤含水量进行校正的基础上，预报 2018 年 6 月 21 日～7 月 6 日的场次洪水过程，对校正前/后模型预报结果进行对比（图 4-6）。校正前 NSE 为 0.75，洪峰误差为 7.3%，校正后 NSE 为 0.75，洪峰误差为 0.6%，对前期土壤含水量进行校正能提高小龙潭站洪水预报精度。

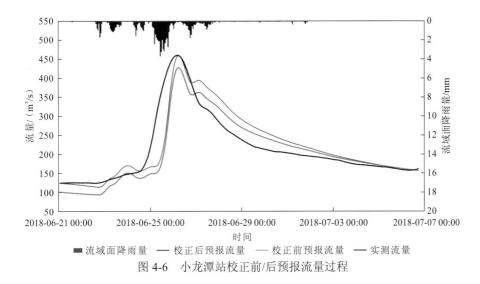

图 4-6　小龙潭站校正前/后预报流量过程

2. 猫街站

将 2018 年 6 月 1～20 日作为前期土壤含水量校正阶段,上层土壤含水量 WU、下层土壤含水量 WL、深层土壤含水量 WD 的校正前/后结果见图 4-7。

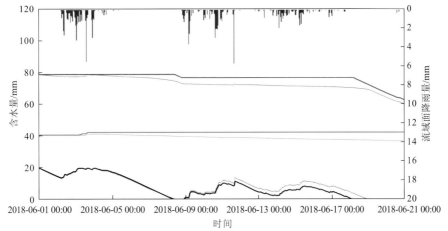

图 4-7　猫街站土壤含水量校正前/后过程

在对前期土壤含水量进行校正的基础上,预报 2018 年 6 月 21～30 日的场次洪水过程,对校正前/后模型预报结果进行对比(图 4-8)。校正前 NSE 为 0.49,洪峰误差为-49%,校正后 NSE 为 0.77,洪峰误差为-36%,对前期土壤含水量进行校正能提高猫街站洪水预报精度。

3. 马岭站

将 2018 年 6 月 1～21 日作为前期土壤含水量校正阶段,上层土壤含水量 WU、下层土壤含水量 WL、深层土壤含水量 WD 的校正前/后结果见图 4-9。

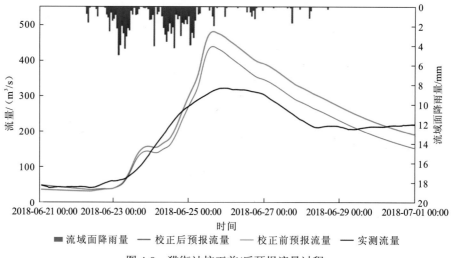

图 4-8　猫街站校正前/后预报流量过程

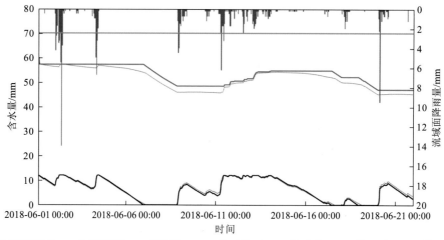

图 4-9　马岭站土壤含水量校正前/后过程

在对前期土壤含水量进行校正的基础上，预报 2018 年 6 月 22～30 日的场次洪水过程，对校正前/后模型预报结果进行对比（图 4-10）。校正前 NSE 为 0.60，洪峰误差为 -15.6%，校正后 NSE 为 0.71，洪峰误差为-6.5%，对前期土壤含水量进行校正能提高马岭站洪水预报精度。

4. 鲁布革水库

将 2018 年 6 月 1～21 日作为前期土壤含水量校正阶段，上层土壤含水量 WU、下层土壤含水量 WL、深层土壤含水量 WD 的校正前/后结果见图 4-11。

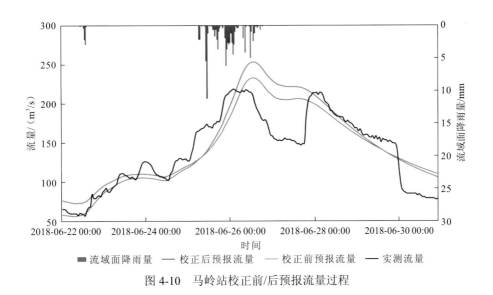

图 4-10 马岭站校正前/后预报流量过程

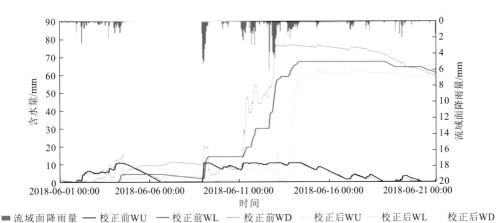

图 4-11 鲁布革水库土壤含水量校正前/后过程

在对前期土壤含水量进行校正的基础上，预报 2018 年 6 月 22～30 日的场次洪水过程，对校正前/后模型预报结果进行对比（图 4-12）。校正前 NSE 为 0.024，洪峰误差为 38.5%，校正后 NSE 为 0.887，洪峰误差为 11.3%，对前期土壤含水量进行校正能提高鲁布革水库洪水预报精度。

5. 云鹏水库

云鹏水库与以上控制站不同，其入库流量包括区间产流与小龙潭站汇流，校正时，通过马斯京根模型演算得到小龙潭站至云鹏水库的河道汇流值，参数与短期径流预报一致。云鹏水库与小龙潭站汇流值之差作为云鹏区间产流。将 2018 年 6 月 1～21 日作为前期土壤含水量校正阶段，上层土壤含水量 WU、下层土壤含水量 WL、深层土壤含水量 WD 的校正前/后结果见图 4-13。

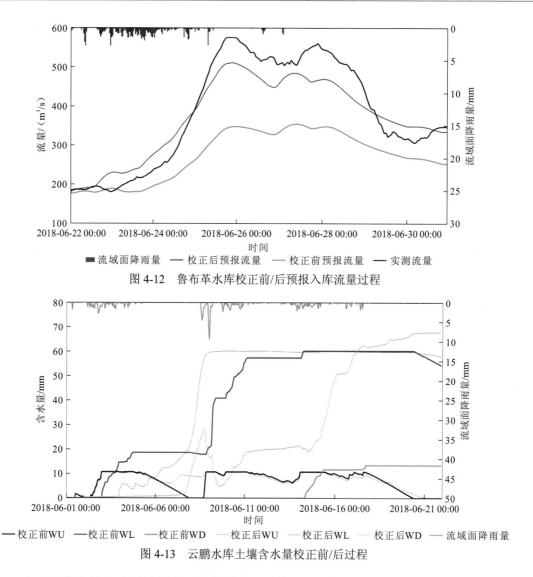

图 4-12　鲁布革水库校正前/后预报入库流量过程

图 4-13　云鹏水库土壤含水量校正前/后过程

在对前期土壤含水量进行校正的基础上，预报 2018 年 6 月 22 日~7 月 8 日的场次洪水过程，对校正前/后模型预报结果进行对比（图 4-14）。校正前 NSE 为 0.465，洪峰误差为 34.7%，校正后 NSE 为 0.812，洪峰误差为 7.9%，对前期土壤含水量进行校正能提高云鹏水库洪水预报精度。

4.2.3　天一水库入库径流实时校正预报

通过实时校正方法与分区径流预报模型得到各分区控制站流量预报值，然后通过水库调蓄模型和河道洪水演进模型，计算得到天一水库入库流量。最后，各控制站汇流值与区间预报值线性叠加得到天一水库预报入库流量过程。天一水库实时径流预报模型结构见图 4-15。

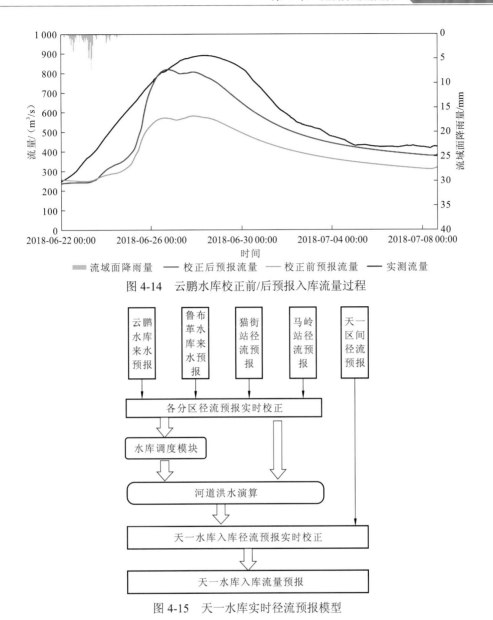

图 4-14　云鹏水库校正前/后预报入库流量过程

图 4-15　天一水库实时径流预报模型

1. 校正模型（无迹卡尔曼滤波）参数

在各单元流域径流预报模型的基础上，对其建立校正模型。校正模型参数包括系统噪声 ω 的协方差 σ_ω^2 和量测噪声 υ 的协方差 σ_υ^2（系统噪声主要来源于降雨输入误差、水文模型结构误差、参数误差和初始值误差等；量测噪声主要来源于径流计算误差和流量观测误差等）。

首先，对流域资料的量测噪声进行估计。当流域资料较好（即流量过程的波动较小）时，量测噪声取值较小，可加大滤波增益，从而使滤波输出效果更合理；反之，流量过程波动较大，量测噪声取值应增大。取量测噪声协方差矩阵为 $\upsilon = \sigma_\upsilon^2 \cdot \boldsymbol{I}$，其中 $\boldsymbol{I}$ 为单位矩阵，σ_υ^2 为常数，根据其流量波动程度进行粗估。然后，对系统噪声进行估计。由于预报模型的系统噪声来源较为复杂，取系统噪声协方差矩阵为 $\boldsymbol{\omega} = \sigma_\omega^2 \cdot \boldsymbol{I}$，其中 $\boldsymbol{I}$ 为单位矩阵，σ_ω^2 为常数，通过模型试算进行估计。

校正模型参数调试结果如表 4-6 所示。进行作业预报时，可根据实际预报效果调整参数，以达到最佳预报精度。

表 4-6　校正模型参数调试结果

控制站	系统噪声协方差 σ_ω^2	量测噪声协方差 σ_υ^2
猫街站	15	5
马岭站	30	1
小龙潭站	50	1
鲁布革水库	5	5
云鹏水库	75	10
天一水库	100	10

2. 单元流域控制站校正预报结果

以 2018～2020 年的汛期（6～9 月）为例，给出各单元流域控制站 12 h 和 24 h 预见期的校正预报结果（小时尺度）。将纳什效率系数（NSE）和水量误差绝对值（|VE|）作为精度指标，各单元流域控制站校正预报结果精度评价如表 4-7 和表 4-8 所示。可以看出，天一水库的校正预报能达到较高精度，流量过程指标 NSE 在 12 h 预见期能达到 0.94 及以上，在 24 h 预见期能达到 0.90 及以上；各预见期下，|VE|的最大值仅为 0.01%。天一水库上游两座大型水库的入库预报均能达到较为理想的效果；从马岭站、猫街站和小龙潭站径流的校正预报效果来看，三个水文站的径流预报 NSE 在 12 h 预见期均能达到 0.82 及以上，|VE|最大值也仅为 0.02%，但部分站点在 24 h 预见期预报精度存在较大下降。由于云鹏水库和鲁布革水库的径流量较大，这两个站点的入库预报精度是影响天一水库入库预报效果的关键因素，而其余三个水文站的径流量较小，其预报精度对天一水库入库预报的影响程度较小。

表 4-7　2018～2020 年汛期校正预报结果的纳什效率系数 NSE

控制站	2018 年		2019 年		2020 年	
	12 h 预见期	24 h 预见期	12 h 预见期	24 h 预见期	12 h 预见期	24 h 预见期
天一水库	0.98	0.95	0.95	0.90	0.94	0.91
鲁布革水库	0.99	0.97	0.99	0.95	0.99	0.97
云鹏水库	0.98	0.91	0.94	0.79	0.93	0.87
马岭站	0.82	0.46	0.96	0.87	0.89	0.66
猫街站	0.98	0.92	0.89	0.70	0.91	0.74
小龙潭站	0.89	0.54	0.94	0.84	0.87	0.56

表 4-8　2018～2020 年汛期校正预报结果的水量误差绝对值|VE|　　　　（单位：%）

控制站	2018 年		2019 年		2020 年	
	12 h 预见期	24 h 预见期	12 h 预见期	24 h 预见期	12 h 预见期	24 h 预见期
天一水库	0.00	0.00	0.00	0.01	0.00	0.01
鲁布革水库	0.02	0.04	0.01	0.02	0.02	0.05
云鹏水库	0.02	0.07	0.02	0.03	0.08	0.08
马岭站	0.01	0.01	0.02	0.06	0.01	0.04
猫街站	0.02	0.06	0.02	0.04	0.01	0.04
小龙潭站	0.02	0.04	0.02	0.04	0.01	0.04

图 4-16～图 4-18 给出了 2018～2020 年汛期校正预报的天一水库入库流量过程（12 h 预见期）。从图 4-16～图 4-18 可以看出，天一水库校正预报流量过程与实测流量过程较为吻合，涨洪、落洪段变化趋势也一致，反映了模型对天一水库入库的校正预报效果较好。

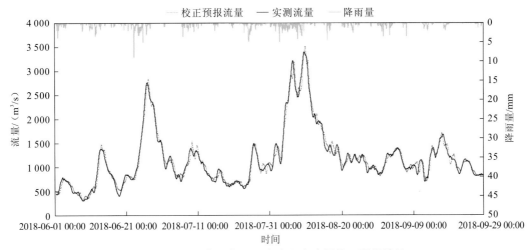

图 4-16　2018 年汛期天一水库入库流量校正预报结果

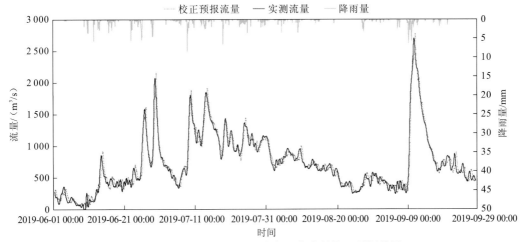

图 4-17　2019 年汛期天一水库入库流量校正预报结果

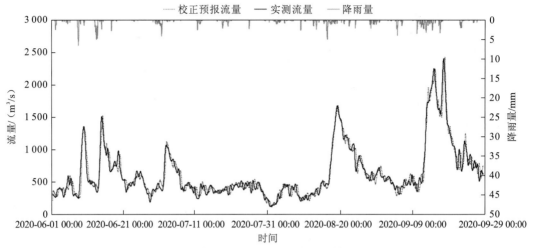

图 4-18　2020 年汛期天一水库入库流量校正预报结果

3. 天一水库入库场次洪水实时校正预报

基于实时雨水情数据和水库调度数据，取预见期为 12 h 的预报结果，对 2018～2020 年天一水库入库场次洪水校正预报进行了精度评定，结果见表 4-9。天一水库入库场次洪水校正预报的流量过程如图 4-19～图 4-24 所示。需要说明的是，在天一水库入库场次洪水计算时，马岭站和猫街站流量过程为预报值，鲁布革水库和云鹏水库的出库流量为实际值，由此计算的结果能反映校正预报方案的精度，但并非实时作业预报精度。结果表明，天一水库入库场次洪水的校正预报精度较为理想，6 场洪水洪峰预报精度均在 96.0%以上，洪量预报精度均在 98.0%以上，其中 5 场洪水峰现时差在 3 h 以内。

表 4-9　天一水库入库场次洪水校正预报精度评定

洪水序号	实际洪峰/（m³/s）	预报洪峰/（m³/s）	洪峰预报精度 A2/%	洪量预报精度 A3/%	峰现时差/h
20180626	2 822	2 749	97.4	99.8	2
20180809	3 497	3 386	96.8	99.9	2
20190629	2 065	2 144	96.2	98.5	3
20190910	2 688	2 755	97.5	99.6	8
20200819	1 669	1 668	99.9	99.8	−1
20200917	2 417	2 393	99.0	99.4	−3

4.2.4　耦合气象预报的天一水库入库洪水校正预报

本节结合第 2 章中的气象预报产品与第 3 章中的水库行为模拟研究结果，对耦合 GRAPES-RAFS 气象预报与短期水库行为模拟的天一水库入库洪水进行实时校正预报。

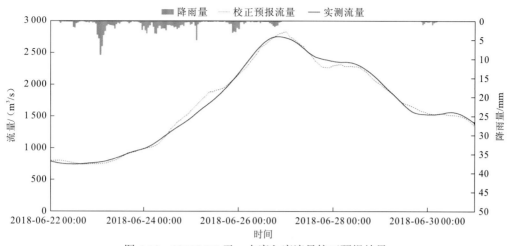

图 4-19 20180626 天一水库入库流量校正预报结果

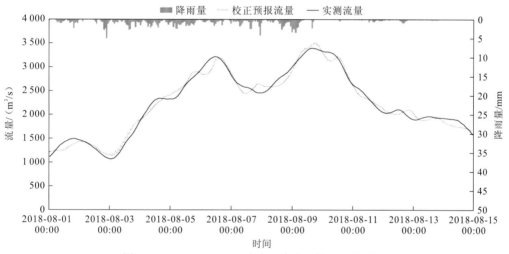

图 4-20 20180809 天一水库入库流量校正预报结果

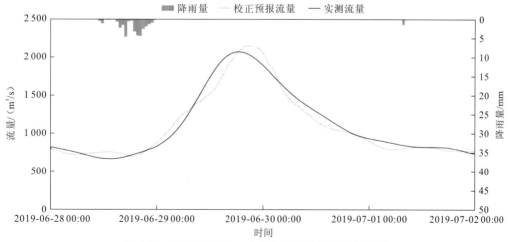

图 4-21 20190629 天一水库入库流量校正预报结果

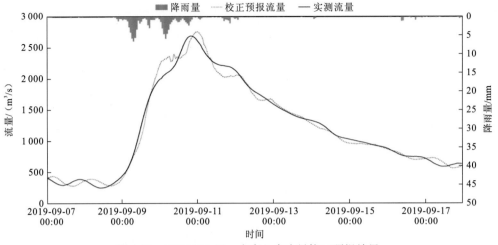

图 4-22　20190910 天一水库入库流量校正预报结果

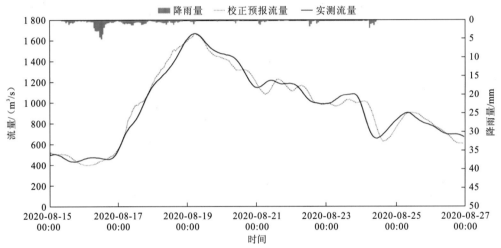

图 4-23　20200819 天一水库入库流量校正预报结果

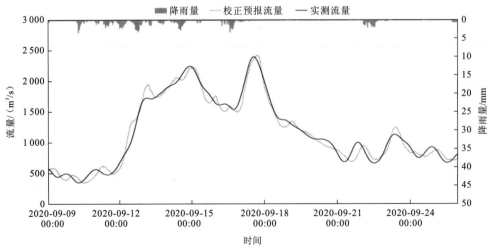

图 4-24　20200917 天一水库入库流量校正预报结果

　　以 2020 年汛期为例，对各控制站 12 h 预见期的预报成果进行评价。各控制站场次洪水的流量过程指标 NSE、洪峰评价指标 A2、洪量评价指标 A3 和洪峰时效指标（计算公式见第 7 章）统计结果见表 4-10 和表 4-11，天一水库入库流量校正预报结果见图 4-25。由表 4-10 可知，实时校正前除天一水库的预报结果基本满足要求外，其余各子流域控制站的水文模型的直接预报结果不理想，但实时校正后（表 4-11），天一水库入库流量的预报精度提高，NSE 可达到 0.92，图 4-25 所示 6 场洪水的洪峰评价指标 A2 均在 85%以上，洪量评价指标 A3 为 99.5%，其余控制站的预报结果 NSE 也均在 0.87 及以上，洪峰评价指标 A2 均在 85%以上，洪量评价指标 A3 也在 89.6%及以上。部分场次洪水的峰现时差大于 3 h，峰现时间存在一定的滞后，但总体预报效果良好。

表 4-10　2020 年汛期洪水预报精度评价（实时校正前）

控制站	NSE	洪峰预报精度 A2/%	洪量预报精度 A3/%	峰现时差/h
天一水库	0.85	3 场>85，3 场<85	92.5	1 场<3，5 场>3
鲁布革水库	0.41	均<85	58.8	1 场<3，4 场>3
云鹏水库	−1.01	2 场>85，2 场<85	63.4	4 场>3
马岭站	0.65	2 场>85，4 场<85	85.3	2 场<3，4 场>3
猫街站	−0.55	均<85	44.0	5 场>3
小龙潭站	−0.19	均<85	61.5	1 场<3，5 场>3

表 4-11　2020 年汛期洪水预报精度评价（实时校正后）

控制站	NSE	洪峰预报精度 A2/%	洪量预报精度 A3/%	峰现时差/h
天一水库	0.92	均>85	99.5	2 场<3，4 场>3
鲁布革水库	0.99	均>85	97.4	1 场<3，4 场>3
云鹏水库	0.92	均>85	92.5	4 场>3
马岭站	0.87	均>85	89.6	2 场<3，4 场>3
猫街站	0.89	均>85	95.1	1 场<3，4 场>3
小龙潭站	0.87	均>85	91.7	3 场<3，3 场>3

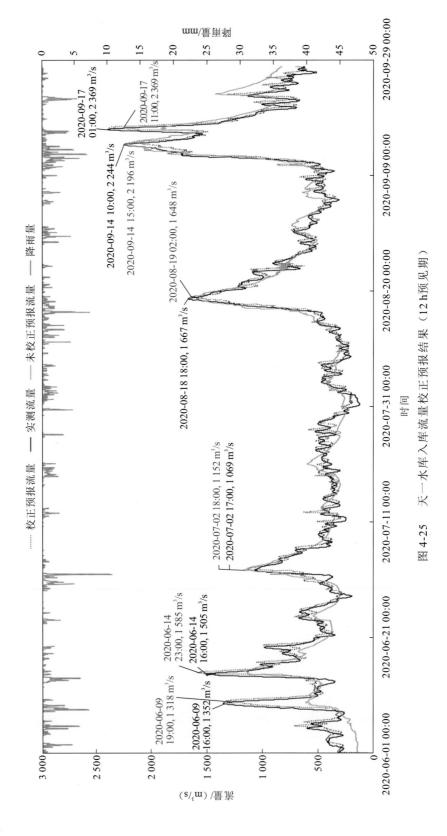

图 4-25 天一水库入库流量校正预报结果（12 h预见期）

4.3　本章小结

在短期径流预报方面，本章将天一流域分为小龙潭子流域、鲁布革子流域、云鹏区间、猫街子流域、马岭子流域、天一区间 6 大分区，使用喀斯特新安江模型对子流域（区间）进行产汇流模拟，通过分段马斯京根模型进行河道洪水演算，利用 LSTM 模型对水库行为进行模拟，建立了天一流域的径流预报模型。同时，建立了基于无迹卡尔曼滤波的实时校正预报模型，实时校正前期土壤含水量等状态变量，以提高天一水库和各个子流域控制站的预报精度，得出的主要结论如下。

（1）喀斯特新安江模型在各子流域的参数率定结果较合理，小龙潭子流域和猫街子流域的率定和验证结果略差，但是小龙潭站和猫街站对天一区间影响较小。而天一区间率定期和验证期的指标精度均较高，且模拟流量过程基本与实测流量过程一致。

（2）在水文模型前期土壤含水量的校正方面，无迹卡尔曼滤波对模型初始状态变量的校正效果较好，能显著提高洪水预报模型的预报精度。在不同预见期的实时校正预报中，几个主要控制站的校正预报效果均较好，能为天一水库入库流量预报提供合理参考。对于 2018～2020 年汛期天一水库入库流量预报，12 h 预见期的校正预报结果的 NSE 均在 0.94 及以上，|VE|接近 0。

（3）对于耦合短期气象预报与水库行为模拟的实时校正预报，天一水库入库流量汛期预报结果的 NSE 为 0.92，洪峰预报精度 A2 均大于 85%，洪量预报精度 A3 为 99.5%，峰现时差指标有 2 场小于 3 h，但部分场次洪水的峰现时间存在一定的滞后。

参 考 文 献

芮孝芳，凌哲，刘宁宁，等，2012. 新安江模型的起源及对其进一步发展的建议[J]. 水利水电科技进展，32(4): 1-5.

孙逸群，包为民，江鹏，等，2018. 基于无迹卡尔曼滤波的新安江模型实时校正方法[J]. 湖泊科学，2: 488-496.

鄢康，刘建华，林康聆，等，2022. 考虑岩溶地貌影响的天一水库入库洪水模拟方法研究[J]. 人民珠江，43(9): 105-112.

翟国静，1997. 马斯京根模型参数估计方法探讨[J]. 水文(3): 41-43, 37.

张勇刚，黄玉龙，武哲民，等，2014. 一种高阶无迹卡尔曼滤波方法[J]. 自动化学报，40(5): 838-848.

赵人俊，1979. 马斯京根法：河道洪水演算的线性有限差解[J]. 华东水利学院学报(1): 44-56.

赵人俊，1984. 流域水文模拟：新安江模型与陕北模型[M]. 北京：水利电力出版社.

DUAN Q Y, SOROOSHIAN S, GUPTA V, 1992. Effective and efficient global optimization for conceptual rainfall-runoff models[J]. Water resources research, 28(4): 1015-1031.

OUDIN L, HERVIEU F, MICHEL C, et al., 2005a. Which potential evapotranspiration input for a lumped rainfall-runoff model? Part 2: Towards a simple and efficient potential evapotranspiration model for rainfall-runoff modeling [J]. Journal of hydrology, 303(1/2/3/4): 290-306.

OUDIN L, MICHEL C, ANCTIL F, 2005b. Which potential evapotranspiration input for a lumped rainfall-runoff model? Part 1: Can rainfall-runoff models effectively handle detailed potential evapotranspiration inputs?[J]. Journal of hydrology, 303(1/2/3/4): 275-289.

第 5 章　中期径流预报

　　本章将中期径流预报定义为预见期为 1～30 天的日尺度径流预报（实际上包括短中期和延伸期径流预报）。中期径流预报模型包括数据驱动模型和过程驱动模型两类。数据驱动模型不考虑水文过程的物理机制，直接基于历史数据建立预报对象与预报因子之间的数学关系从而对未来径流过程进行预报，本章采用基于机器学习的中期径流预报方法。过程驱动模型一般借助能够反映流域产汇流特征的水文模型，并将未来中期气象预报信息作为模型输入，从而得到预报结果。本章基于日尺度的喀斯特新安江模型和日尺度的 DDRM 开展中期径流预报。

5.1 基于机器学习的中期径流预报

径流过程为弱相关且高度复杂的非线性动力系统，对其构建模型较为复杂。本节将基于机器学习的预报方法作为中期径流预报模型之一，具体采用深度置信网络（deep belief network，DBN）开展中期径流预报（Hinton et al.，2006）。

5.1.1 DBN

DBN 可归为三种常见的神经网络，即前馈神经网络、卷积神经网络和 RNN。其中，前馈神经网络作为一种半监督的深度学习方法，在进行特征数据提取过程中有着高速和高自动化等优点。DBN 由多层受限玻尔兹曼机（restricted Boltzmann machine，RBM）和一层反向传播（back propagation，BP）神经网络堆叠而成（图 5-1）。RBM 是 DBN 的核心结构。RBM 是基于能量的生成式随机神经网络，它由可见层和隐藏层组成，在 RBM 中层内无连接，层间全连接。可见层用于数据的输入，隐藏层用于特征的提取。在 RBM 中，对于一组给定的状态，其可见单元和隐藏单元的联合配置能量函数为

$$E(\boldsymbol{v},\boldsymbol{h}\,|\,\boldsymbol{\theta}) = -\sum_{i=1}^{V}\sum_{j=1}^{H}v_i w_{ij} h_j - \sum_{i=1}^{V}b_i v_i - \sum_{j=1}^{H}c_j h_j \tag{5-1}$$

式中：$\boldsymbol{\theta}=(\boldsymbol{w},\boldsymbol{b},\boldsymbol{c})$ 为 RBM 的参数，$\boldsymbol{w}$ 为可见单元和隐藏单元之间的连接权重矩阵，$\boldsymbol{b}$、$\boldsymbol{c}$ 分别为可见单元和隐藏单元的偏置向量；$\boldsymbol{v}([v_1,v_2,\cdots,v_V])$ 和 $\boldsymbol{h}([h_1,h_2,\cdots,h_H])$ 分别为可见单元和隐藏单元的状态；V 和 H 分别为可见层和隐藏层的神经元节点数；w_{ij} 为第 i 个可见单元和第 j 个隐藏单元之间的连接权重；v_i 和 h_j 分别为第 i 个可见单元和第 j 个隐藏单元的状态；b_i 和 c_j 分别为第 i 个可见单元和第 j 个隐藏单元偏置向量的分量。

基于式（5-1），任何一组 $(\boldsymbol{v},\boldsymbol{h})$ 的联合概率分布，以及可见层与隐藏层之间的条件概率分布可依次推出。因为在 RBM 中，当给定各可见单元的激活状态时，隐藏层中的各神经元的激活状态都是相互独立的。由此，隐藏层中第 j 个神经元和可见层中第 i 个神经元的激活概率也可推出。训练 RBM 的目的是不断更新其参数 $\boldsymbol{\theta}=(\boldsymbol{w},\boldsymbol{b},\boldsymbol{c})$ 直到模型输出数据的概率分布与训练集尽可能贴近。具体地说，对于给定的可见层输入数据 $\boldsymbol{v}_1$，通过隐藏层神经元激活概率函数找到其对应的隐藏层 $\boldsymbol{h}_1$，然后通过可见层神经元激活概率函数计算新的可见层 $\boldsymbol{v}_2$ 后再次通过 $\boldsymbol{v}_2$ 找到其对应的 $\boldsymbol{h}_2$。

DBN 的训练包括无监督的预训练和有监督的反向微调两个过程。①预训练，通过 RBM 的贪婪逐层对比散度算法自下而上训练，当第一个 RBM 训练完后，下一个 RBM 的输入就是当前 RBM 隐藏层的输出，这样进行反复的训练，逐层传递进而不断优化模型的参数，使误差函数最小，以达到局部最优；②反向微调，在 DBN 的最后一层，采用 BP 神经网络的监督学习方法将训练误差自上而下传播到 RBM，然后微调整个 DBN，进而实现全局最优。

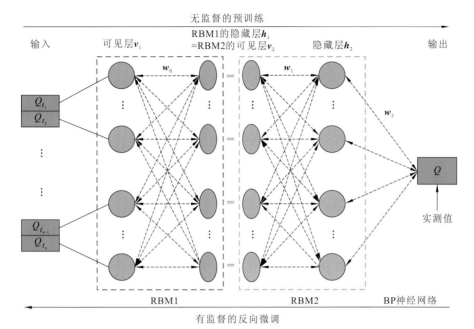

图 5-1　DBN 结构示意图（以预见期为 1 天，仅考虑径流信息为例）

Q 为历史时刻径流；　$Q_{t_1}\sim Q_{t_n}$ 为待预报日前 1～n 天的径流；w_0、w_1、w_2 为连接权重矩阵

5.1.2　中期径流预报因子选取及模型构建

在使用机器学习进行日径流预报之前，首先要进行预报因子的优选。可选预报因子包括：①天一水库前期入库径流、上游云鹏水库及鲁布革水库入库径流；②气象预报产品预报的预见期 1～30 天的降水信息。本节对每个预见期（1～30 天）分别构建只考虑径流信息及同时考虑径流和预报降水信息的两组机器学习模型，通过对比率定期预报效果进行优选（选取标准为相对水量误差较小）。本节的优选结果为：预见期为 1～14 天时，选取只考虑径流信息的模型，预见期为 15～30 天时，选取同时考虑径流和预报降水信息的模型。

5.1.3　基于机器学习的中期径流预报结果

中期径流预报的率定期为 2009 年 12 月 31 日～2018 年 3 月 18 日，验证期为 2018 年 3 月 19 日～2019 年 12 月 31 日。根据《南方电网水文气象情报预报规范》（Q/CSG 110018—2012），评价径流预报精度。

表 5-1 和表 5-2 分别展示了 DBN 在天一水库进行预见期为 1～30 天的径流预报时率定期和验证期的精度。由表 5-1、表 5-2 可知，模型具有较强的稳健性，在率定期和验证期均表现出了良好的预报效果。由表 5-2 可知，在预见期 8 天之内，验证期的预报精度均大于 65%。预见期为 1～3 天时，验证期的预报精度均大于 70%。预见期为 1～8 天的验证期平均精度也可达 70%；预见期为 1～10 天的验证期平均精度为 69%。图 5-2 和

图 5-3 分别具体展示了 DBN 在天一水库进行预见期为 1 天、3 天、5 天的径流预报时率定期和验证期的结果。由图 5-2、图 5-3 可知，预见期为 1 天、3 天、5 天时，DBN 的预报径流与实测径流在率定期和验证期均较为吻合，模型表现出了良好的预报效果。图 5-4 和图 5-5 分别以 2019 年 7 月 15 日和 2019 年 11 月 15 日两个发起点为例，展示了 DBN 的中期径流预报结果，具体精度如表 5-3 和表 5-4 所示，30 天平均预报精度分别达到了 87.4%和 77.4%。

表 5-1　DBN 率定期预见期为 1～30 天的径流预报精度

预见期/天	精度/%	预见期/天	精度/%	预见期/天	精度/%
1	77.7	11	64.6	21	59.9
2	74.6	12	63.8	22	58.8
3	72.6	13	62.2	23	59.8
4	69.9	14	61.5	24	59.8
5	68.4	15	61.2	25	59.5
6	66.8	16	60.6	26	59.0
7	67.6	17	60.8	27	59.2
8	66.7	18	60.4	28	58.5
9	64.4	19	59.0	29	57.9
10	64.6	20	58.2	30	57.7

表 5-2　DBN 验证期预见期为 1～30 天的径流预报精度

预见期/天	精度/%	预见期/天	精度/%	预见期/天	精度/%
1	77.9	11	63.4	21	59.0
2	74.1	12	62.6	22	59.8
3	72.1	13	60.7	23	59.6
4	69.3	14	60.3	24	58.7
5	68.0	15	61.8	25	57.5
6	67.4	16	59.8	26	57.7
7	66.6	17	60.4	27	58.2
8	65.3	18	60.3	28	58.8
9	64.5	19	60.4	29	58.5
10	64.4	20	59.5	30	57.4

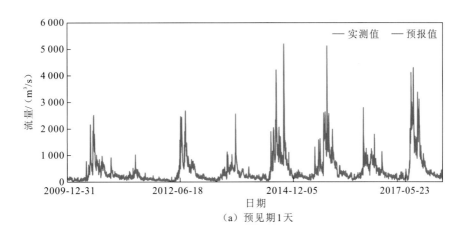

（a）预见期1天

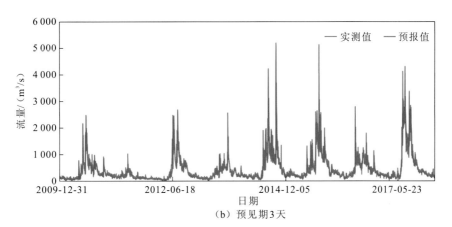

（b）预见期3天

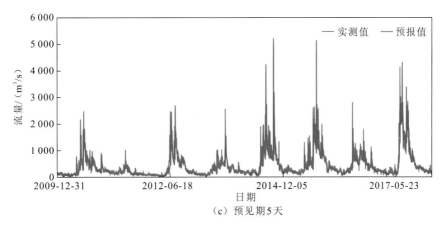

（c）预见期5天

图 5-2　DBN 率定期天一水库入库径流预报结果（预见期为 1 天、3 天、5 天）

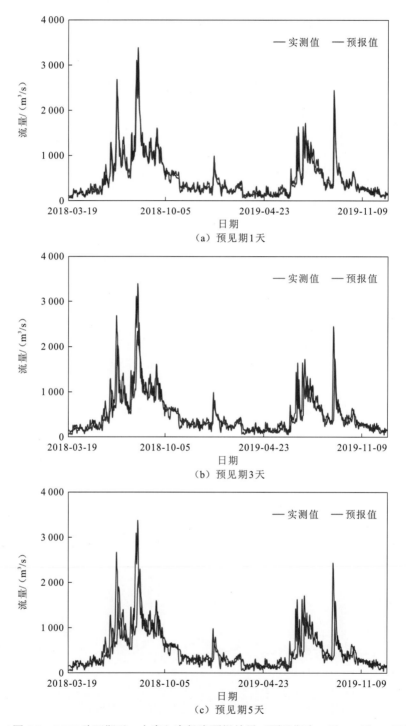

（a）预见期1天

（b）预见期3天

（c）预见期5天

图 5-3　DBN 验证期天一水库入库径流预报结果（预见期为 1 天、3 天、5 天）

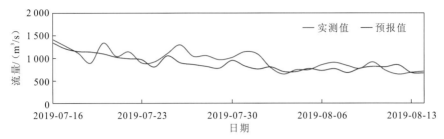

图 5-4　2019 年 7 月 15 日发起的未来 1～30 天天一水库入库径流预报结果

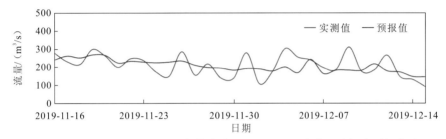

图 5-5　2019 年 11 月 15 日发起的未来 1～30 天天一水库入库径流预报结果

表 5-3　2019 年 7 月 15 日发起的未来 1～30 天天一水库入库径流预报结果的精度

预见期/天	精度/%	预见期/天	精度/%	预见期/天	精度/%
1	94.9	11	69.7	21	95.9
2	95.3	12	82.9	22	85.5
3	96.5	13	77.8	23	85.0
4	72.6	14	81.0	24	81.7
5	82.1	15	93.8	25	99.3
6	98.2	16	72.6	26	89.4
7	87.0	17	70.0	27	89.0
8	91.9	18	97.5	28	67.6
9	88.1	19	90.9	29	99.9
10	95.9	20	95.0	30	94.9

表 5-4　2019 年 11 月 15 日发起的未来 1～30 天天一水库入库径流预报结果的精度

预见期/天	精度/%	预见期/天	精度/%	预见期/天	精度/%
1	86.3	4	89.8	7	94.3
2	86.7	5	98.8	8	96.2
3	83.3	6	88.0	9	69.8

预见期/天	精度/%	预见期/天	精度/%	预见期/天	精度/%
10	46.9	17	21.6	24	58.8
11	82.0	18	98.4	25	96.8
12	64.8	19	66.3	26	82.4
13	90.9	20	66.3	27	67.1
14	59.9	21	98.7	28	82.3
15	68.7	22	83.1	29	87.4
16	68.9	23	97.8	30	38.6

5.2 基于喀斯特新安江模型的中期径流预报

本节采用喀斯特新安江模型开展中期径流预报。日尺度喀斯特新安江模型的模型结构与小时尺度一致（见 4.1 节），在此不再赘述。另外，由于分段马斯京根模型主要适用于小时尺度洪水演算，中期径流预报未建立分段马斯京根模型。

5.2.1 喀斯特新安江模型参数率定结果

1. 模型率定结果与最优参数值

采用与小时尺度喀斯特新安江模型类似的分区模拟方案和模型参数范围，使用 SCE-UA 优化算法率定各分区模型参数，结果见表 5-5 和表 5-6。由表 5-5、表 5-6 可知，各分区模型参数大部分在合理范围内，基本没有发生参数超过物理意义边界的情况。小龙潭子流域蒸散发折算系数 KE 偏大，达到了 1.16，具体原因在 4.1.4 小节已经进行了阐述。根据表 5-6，小龙潭子流域、猫街子流域和马岭子流域的率定和验证结果较差，具体原因也已在 4.1.4 小节进行了阐述。其余子流域率定期和验证期的模拟精度均较高，尤其是天一区间流量模拟，在率定期 NSE 可达到 0.93，在验证期也保持在 0.92，模拟精度较高。

表 5-5 日尺度喀斯特新安江模型各分区率定参数

率定参数	分区					
	小龙潭子流域	鲁布革子流域	猫街子流域	马岭子流域	云鹏区间	天一区间
WM/mm	149.4	147.6	122.8	131.2	140.1	135.8
WUM/mm	15.6	17.2	12.3	15.5	6.2	12.3
WLM/mm	63.8	87.5	77.0	71.9	63.2	82.4
KE	1.16	0.75	0.81	0.94	0.81	0.98

续表

率定参数	分区					
	小龙潭子流域	鲁布革子流域	猫街子流域	马岭子流域	云鹏区间	天一区间
B	0.48	0.41	0.44	0.44	0.42	0.42
SM/mm	31.9	16.3	18.9	23.6	14.9	13.6
EX	1.24	1.08	1.08	1.35	1.18	1.30
KI+KG	0.61	0.70	0.78	0.72	0.73	0.80
KI	0.36	0.37	0.34	0.44	0.13	0.31
IMP	0.02	0.03	0.03	0.03	0.01	0.03
C	0.16	0.17	0.19	0.19	0.21	0.19
CI	0.63	0.50	0.64	0.50	0.53	0.55
CG	0.952	0.981	0.996	0.999	0.987	0.991
CS	0.998	0.995	0.990	0.878	0.990	0.997
K_M/mm	32.1	47.7	35.2	33.8	31.1	43.7
H_K/mm	29.8	29.0	29.3	30.0	24.6	25.9
I_K	0.21	0.22	0.37	0.10	0.13	0.38
K_{KB}	0.54	0.57	0.43	0.48	0.40	0.47
K_{KG}	0.11	0.14	0.10	0.10	0.10	0.12
C_K	0.91	0.85	0.91	0.87	0.91	0.86

表 5-6　日尺度喀斯特新安江模型在各分区率定期和验证期的精度

分区	率定期		验证期	
	NSE	VE/%	NSE	VE/%
小龙潭子流域	0.71	-4.57	0.60	4.18
鲁布革子流域	0.79	-6.33	0.72	8.68
猫街子流域	0.68	22.96	0.64	22.97
马岭子流域	0.62	-17.36	0.66	3.12
云鹏区间	0.85	-7.60	0.93	0.08
天一区间	0.93	-7.17	0.92	7.07

2. 汛期天一水库入库流量模拟过程

本节重点展示和分析了天一水库入库流量在率定期和验证期的模拟结果。喀斯特新安江模型对率定期天一水库入库洪水过程的模拟效果如图 5-6～图 5-14 所示。由图 5-6～图 5-14 可知，在率定期天一水库入库流量模拟精度较高，尤其是在 2012 年和 2013 年汛期，模拟结果和实测结果基本一致。2009 年、2010 年和 2011 年汛期模拟结果存在一定的误差，主要反映在洪峰模拟结果偏低，但仍能反映洪水趋势。

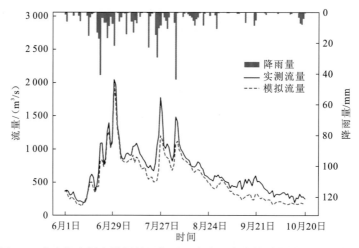

图 5-6　率定期实测和模拟的汛期天一水库入库流量过程图（2009 年）

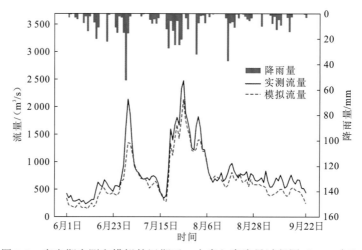

图 5-7　率定期实测和模拟的汛期天一水库入库流量过程图（2010 年）

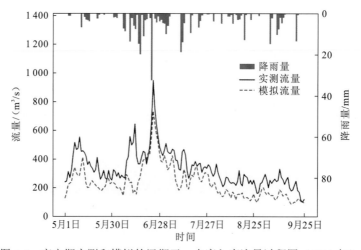

图 5-8　率定期实测和模拟的汛期天一水库入库流量过程图（2011 年）

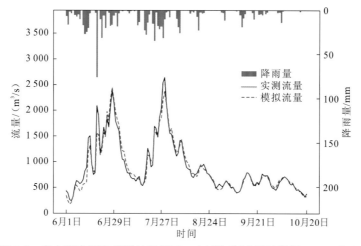

图 5-9　率定期实测和模拟的汛期天一水库入库流量过程图（2012 年）

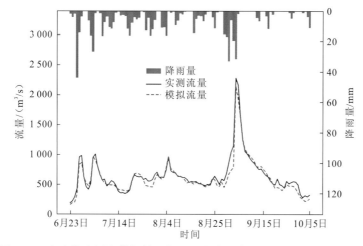

图 5-10　率定期实测和模拟的汛期天一水库入库流量过程图（2013 年）

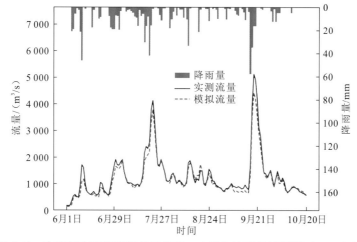

图 5-11　率定期实测和模拟的汛期天一水库入库流量过程图（2014 年）

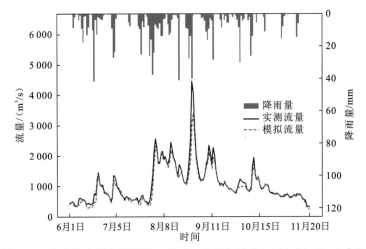

图 5-12　率定期实测和模拟的汛期天一水库入库流量过程图（2015 年）

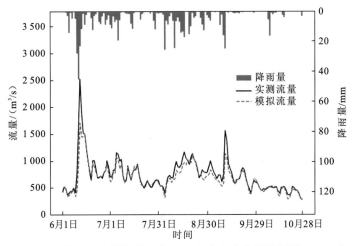

图 5-13　率定期实测和模拟的汛期天一水库入库流量过程图（2016 年）

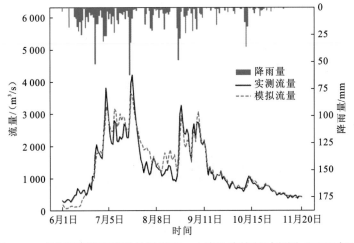

图 5-14　率定期实测和模拟的汛期天一水库入库流量过程图（2017 年）

喀斯特新安江模型对验证期天一水库入库洪水过程的模拟效果如图 5-15～图 5-17 所示。由图 5-15～图 5-17 可知，在验证期天一水库入库流量模拟精度较高，证明模型能较好地反映天一水库入库产汇流特性，而且在验证期最后 3 年的汛期，模型表现要明显好于刚开始的 3 年，说明模型在一定时间的计算后，仍能表现出较好的性能。

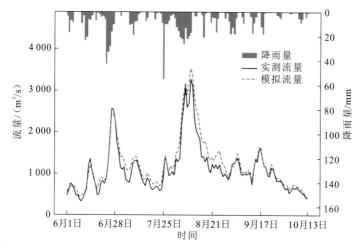

图 5-15 验证期实测和模拟的汛期天一水库入库流量过程图（2018 年）

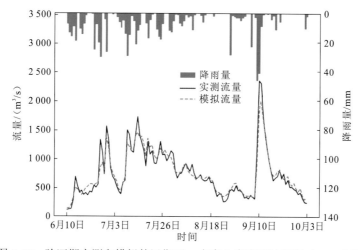

图 5-16 验证期实测和模拟的汛期天一水库入库流量过程图（2019 年）

5.2.2 耦合气象预报的天一水库入库径流预报结果

将第 2 章中经过偏差校正的气象预报产品 CFSv2 输入日尺度喀斯特新安江模型，可以得到预见期为 1～30 天的逐日径流预报结果。本节使用 2018～2019 年气象预报数据检验喀斯特新安江模型在汛期对日径流的预报效果。

根据《南方电网水文气象情报预报规范》（Q/CSG 110018—2012），评价径流预报精度。凡上游有水库影响的，仅预报区间流量，即下游水库的入库流量等于预报区间流量加上上

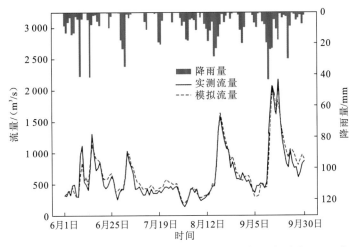

图 5-17　验证期实测和模拟的汛期天一水库入库流量过程图（2020 年）

游水库的出库流量（简称为区间预报）。由于本节提出的基于喀斯特新安江模型的中期径流预报是进行全流域预报，即上游水库出库流量也是由预报得出的，所以与区间预报区分展示。

表 5-7 展示了天一水库入库区间和全流域汛期日径流预报月平均精度。由表 5-7 可知，区间预报除 2019 年 6 月以外，精度均达到 80%以上，但全流域预报精度较低，特别是 2019 年 6 月，精度低于 50%，主要是由上游流域预报误差累积所致。

表 5-7　区间和全流域汛期日径流预报月平均精度（喀斯特新安江模型）　（单位：%）

时间	区间预报	全流域预报
2018 年 6 月	86.05	70.24
2018 年 7 月	82.56	88.22
2018 年 8 月	80.40	89.29
2018 年 9 月	93.93	86.93
2018 年 10 月	86.98	82.70
2019 年 6 月	74.84	47.72
2019 年 7 月	90.63	68.11
2019 年 8 月	89.96	74.70
2019 年 9 月	89.42	67.71
2019 年 10 月	83.10	49.47

图 5-18 和图 5-19 展示了依照区间预报方案的汛期天一水库入库实测流量和预见期为 1 天的预报流量过程。由图 5-18、图 5-19 可知，汛期天一水库入库实测流量和预报流量过程基本吻合，预报精度较高。图 5-20 和图 5-21 展示了依照全流域预报方案的汛期天一水库入库实测流量和预见期为 1 天的预报流量过程。结果表明，全流域预报在 2018 年表现良好，但在 2019 年预报过程线有较大波动，这主要也是由预报误差在不同流域分区的累积所致，因此相较于 2018 年模型在 2019 年性能有所下降。

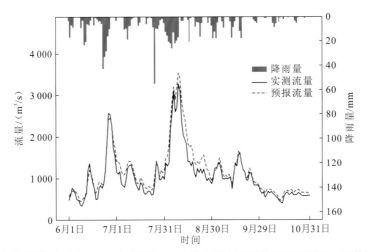

图 5-18　依照区间预报方案的 2018 年汛期天一水库入库实测流量和预见期为 1 天的预报流量过程

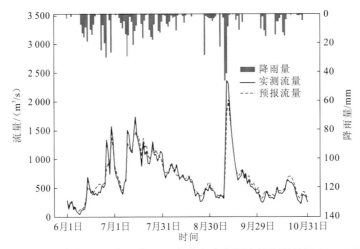

图 5-19　依照区间预报方案的 2019 年汛期天一水库入库实测流量和预见期为 1 天的预报流量过程

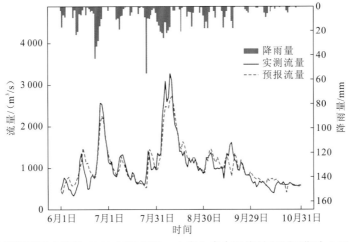

图 5-20　依照全流域预报方案的 2018 年汛期天一水库入库实测流量和预见期为 1 天的预报流量过程

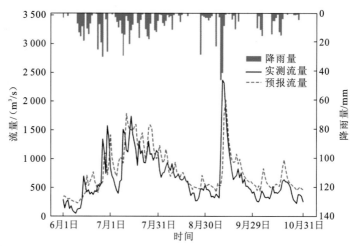

图 5-21 依照全流域预报方案的 2019 年汛期天一水库入库实测流量和预见期为 1 天的预报流量过程

5.3 基于分布式水文模型的中期径流预报

DDRM 是武汉大学熊立华教授团队自主开发的用于径流预报的分布式水文模型（陈石磊 等，2020；舒鹏 等，2020），是一个基于数字地形高程进行产流计算和流向计算，从而分级演算汇流的分布式降雨径流模型。其具有结构简单、气象输入数据要求较低等特征。DDRM 不仅能够模拟流域出口的径流过程，而且可以模拟流域内各栅格点的径流过程，还能够模拟流域各栅格点土壤含水量的空间和时间分布。本节将其作为中期径流预报模型之一。

5.3.1 DDRM 介绍

DDRM 基于 DEM 进行栅格产流和栅格汇流计算，并基于河网水系拓扑结构进行河网汇流演算。模型以地理信息系统（geographic information system，GIS）为支撑平台，基于数字高程数据计算流域地形地貌指数的空间分布，提取河网水系，划分子流域。模型主体结构可分为三部分：栅格产流模块、栅格汇流模块及河网汇流模块，具体结构如图 5-22 所示。具体来说，对于流域 DEM 的每一个栅格，假设有三种蓄水单元：地表、地下土壤和河道。模型假定流域产流机制为蓄满产流，降水落到栅格地表后直接进入地下土壤。地下土壤蓄水量在降水、蒸散发、地下水入流和地下水出流影响下发生变化。当地下土壤蓄水量超过该栅格蓄水能力时，超蓄水量将涌出地面形成浅层地表水，并在重力作用下形成坡面流汇入栅格河道。之后，模型将对栅格产流进行汇流演算，该汇流演算包括两个阶段：①基于栅格流向确定各子流域内栅格的汇流演算顺序，各栅格产流量根据栅格汇流演算顺序依次向下游栅格演算，直至所在子流域的出口处；②各子流域出口节点处的流量再根据河网水系拓扑结构依次演算至流域出口处。该模型的具体介绍见专著《珠江流域分布式降雨径流模拟》（熊立华 等，2019）。

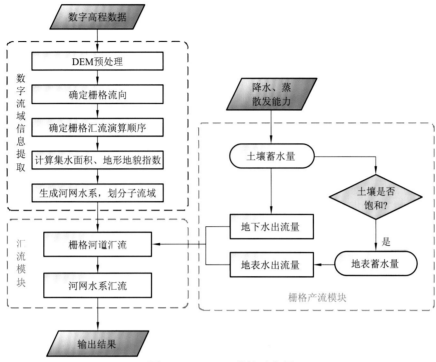

图 5-22　DDRM 结构示意图

DDRM 中的参数分为两类：产流参数和汇流参数。产流参数包括 KC、S0、SM、TS、TP、a、b、n，汇流参数包括栅格河道汇流马斯京根参数 $c_i(i=0,1)$ 和子流域河网汇流马斯京根参数 $hc_i(i=0,1)$，其物理意义及取值范围如表 5-8 所示。

表 5-8　DDRM 参数的物理意义及取值范围

参数	范围	单位	描述
KC	0.5～1.5	—	蒸发折算系数
S0	5～1 000	mm	子流域栅格土壤最小蓄水能力
SM	5～1 000	mm	子流域栅格土壤蓄水能力变化幅度
TS	2～500	h	时间常数，反映地下水出流特性
TP	2～500	h	时间常数，反映浅层地表水坡面流形成特性
a	0～1	—	经验参数，反映地下水出流特性
b	0～1	—	经验参数，反映坡度对地下水出流的影响
n	0～1	—	经验参数，反映土壤蓄水能力 SMC 与对应地形地貌指数之间的非线性关系
$c_i(i=0,1)$	0～1	—	栅格河道汇流马斯京根参数
$hc_i(i=0,1)$	0～1	—	子流域河网汇流马斯京根参数

5.3.2 数字流域信息提取

数字流域信息提取是进行流域分布式降雨径流模拟的基础。本书基于流域内 2 km×2 km 分辨率的数字高程数据（图 5-23）进行数字化河道修正、高程填洼、流向生成、栅格集水面积计算、河网水系提取、子流域提取等一系列操作，从而获得降雨径流模型必需的数字流域信息输入。DEM 中每个 2 km×2 km 栅格构成了 DDRM 的计算单元。由于数字高程数据不一定能真实反映流域内的河道及其流向，采用 Agree 算法将数字化河网数据作为附加信息对原始数字高程数据进行强迫修正（图 5-24）。

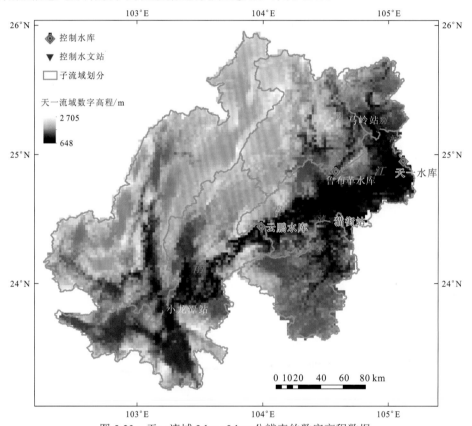

图 5-23　天一流域 2 km×2 km 分辨率的数字高程数据

同时，原始的数字高程数据可能存在采样误差，或者流域内地形存在真实的洼地，这些问题可能导致计算的地形地貌指数或推导的等流时线不连续。因此，需要对数字高程数据中的洼地栅格进行填洼（图 5-24）。具体做法是，由流域出口逆向搜索流域栅格，若当前搜索栅格的相邻栅格高程更低，则提高其高程值，依次遍历全流域。

栅格流向是指水流离开网格时的指向，它不仅决定着栅格集水面积和地形地貌指数的计算，还决定着栅格能否汇流到流域出口。本书中栅格流向的确定方法是在经过填洼后的数字高程数据基础之上，计算每个栅格相对于其周围八个栅格的坡度，选取其中坡度最大的方向作为该栅格的流向（图 5-25）。

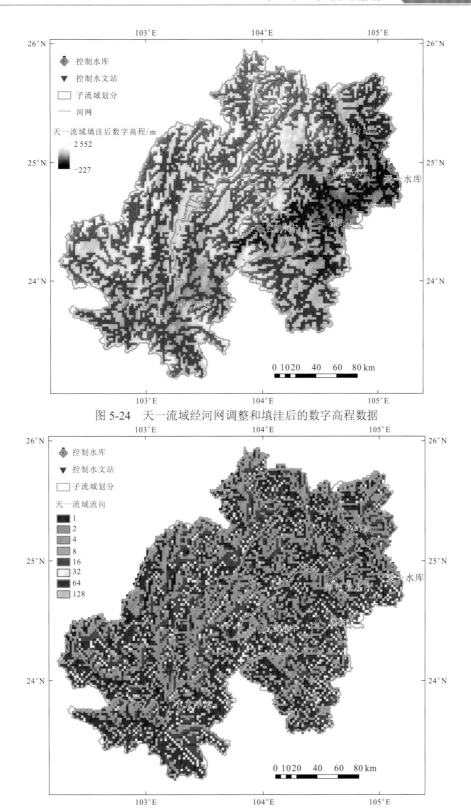

图 5-24 天一流域经河网调整和填洼后的数字高程数据

图 5-25 天一流域 2 km×2 km 分辨率的栅格流向数据

在 DDRM 中，汇流演算包括两个步骤：栅格汇流演算和河网汇流演算。对于栅格汇流演算，确定 DEM 中每个栅格的汇流演算顺序是准确描述水流时空分布的关键之一。本节采用分级确定法来确定栅格的汇流演算顺序，该方法从流域出口的栅格开始，根据各栅格的流向搜索其邻近上游栅格并进行分级，流域出口为第 1 级，流向第 1 级栅格的相邻入流栅格为第 2 级，以此类推，从而将整个流域的计算栅格分为不同的计算级别。在模型的汇流演算中，从最上游的源头栅格开始逐级向下游栅格进行演算。栅格集水面积（图 5-26）反映了栅格汇流演算中从流域最高点到流域最低点演算的顺序。

图 5-26　天一流域 2 km×2 km 分辨率的栅格集水面积数据

5.3.3　模型参数率定与检验

本节使用 SCE-UA 优化算法自动优选模型参数，优选准则为各个子流域出口站点径流模拟的汛期纳什效率系数 NSE 较大。与喀斯特新安江模型一致，使用 DDRM 时依据流域分区将流域空间划分为 6 个子流域或区间，分别对各个子流域或区间率定 DDRM 的参数。率定所需实测数据资料包括实测降水、实测蒸发和各子流域出口站点的实测径流。对于实测降水，本节融合了电厂站网、珠委水文局和中国气象局站网降水数据；对于实测蒸发，本节基于中国气象局站网气温数据采用 Oudin 公式推算得到；对于实测径流，由电厂提供的小时尺度数据整编形成日尺度数据。依据目前子流域的划分方法,具体采用了如下站点的实测径流:小龙潭站径流量、云鹏水库出库流量、鲁布革水库出库流量、猫街站径流量、马岭站径流量、天一水库入库流量。考虑到猫街站径流数据自 2017 年汛期以来存在显著的质量问题,对于除猫街子流域以外的其他子流域,DDRM 参数的率定期为 2009 年 4 月～2016 年 3 月,验证期是 2016 年 4 月～2020 年 3 月;对于猫街子流域,DDRM 参数的率定期是 2009 年 4 月～2014 年 3 月,验证期是 2014 年 4 月～2017 年 3 月。

DDRM 在率定期与验证期获得的 NSE 和水量误差（VE）如表 5-9 所示。率定结果表明:DDRM 能较好地模拟天一水库入库径流过程,率定期和验证期的 NSE 均在 0.84以上;然而,对各个子流域出口站点的模拟效果较差,率定期和验证期的 NSE 在 0.65左右。其中,对鲁布革水库和云鹏水库的模拟能力较低,NSE 在 0.55 左右。

表 5-9　DDRM 率定期和验证期的模拟精度

出口站点	率定期			验证期		
	时段	NSE	VE/%	时段	NSE	VE/%
天一水库	2009 年 4 月～2016 年 3 月	0.85	0.3	2016 年 4 月～2020 年 3 月	0.86	2.3
鲁布革水库	2009 年 4 月～2016 年 3 月	0.55	4.6	2016 年 4 月～2020 年 3 月	0.51	6.6
云鹏水库	2009 年 4 月～2016 年 3 月	0.68	0.8	2016 年 4 月～2020 年 3 月	0.55	17.0
马岭站	2009 年 4 月～2016 年 3 月	0.71	10.3	2016 年 4 月～2020 年 3 月	0.65	10.5
猫街站	2009 年 4 月～2014 年 3 月	0.59	10.2	2014 年 4 月～2017 年 3 月	0.66	8.3
小龙潭站	2009 年 4 月～2016 年 3 月	0.72	5.3	2016 年 4 月～2020 年 3 月	0.63	16.1

DDRM 在率定期与验证期的径流模拟过程如图 5-27～图 5-40 所示。对于小龙潭站径流（图 5-27 和图 5-28）,DDRM 在水量较枯年份取得了较好的模拟效果（如率定期的2011～2013 年和验证期的 2019 年）,而在水量较丰年份峰值的模拟值偏低（如率定期的2014 年、2015 年及验证期的 2017 年）。

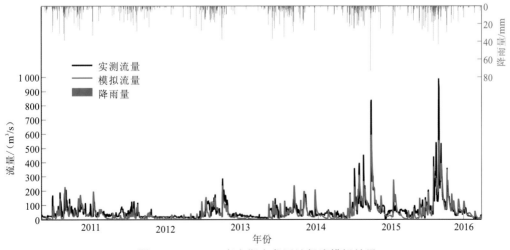

图 5-27　DDRM 率定期小龙潭站径流模拟效果

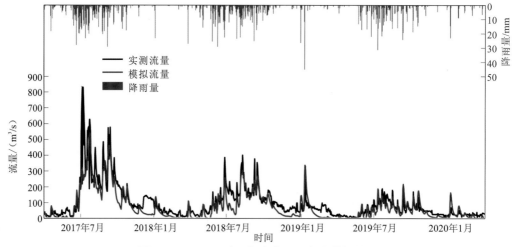

图 5-28　DDRM 验证期小龙潭站径流模拟效果

对于云鹏水库出库流量（图 5-29 和图 5-30），DDRM 类似地出现了在水量较枯年份取得了较好的模拟效果，而在水量较丰年份明显低估峰值流量的情况，说明模型对整体径流过程有较好的模拟效果，但对峰值的模拟欠佳。

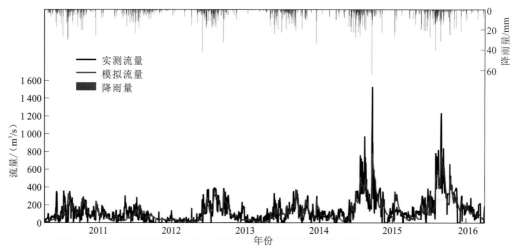

图 5-29　DDRM 率定期云鹏水库出库流量模拟效果

对于鲁布革水库出库流量（图 5-31 和图 5-32），DDRM 的表现较为稳定，但对洪峰的模拟能力仍有不足，如低估了 2014 年 10 月的洪峰流量。

对于猫街站径流（图 5-33 和图 5-34）和马岭站径流（图 5-35 和图 5-36），DDRM 取得了较好的模拟效果，但对洪峰的模拟能力尚有欠缺，如低估了猫街站 2012 年汛期的洪水过程，以及马岭站 2014 年和 2015 年汛期的洪水过程。

基于各子流域出口的模型率定结果和天一区间的模型率定结果，可以获得最终的天一水库入库流量模拟结果（图 5-37 和图 5-38）。总体而言，DDRM 取得了较好的模拟效果，但洪水峰值的模拟效果仍有待提升。

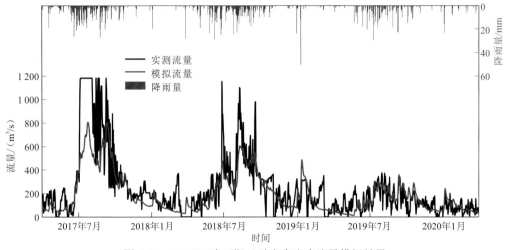

图 5-30　DDRM 验证期云鹏水库出库流量模拟效果

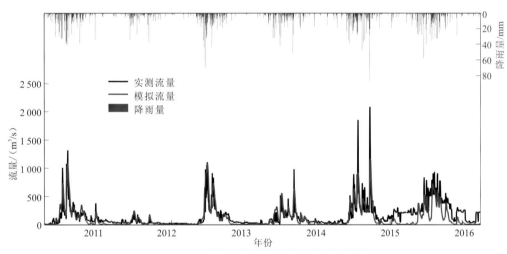

图 5-31　DDRM 率定期鲁布革水库出库流量模拟效果

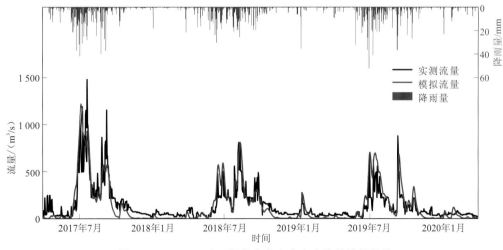

图 5-32　DDRM 验证期鲁布革水库出库流量模拟效果

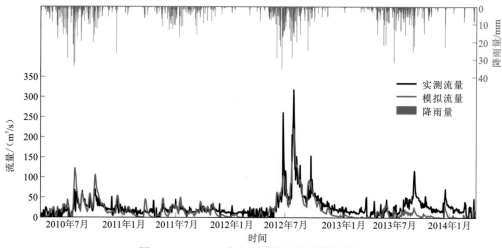

图 5-33　DDRM 率定期猫街站径流模拟效果

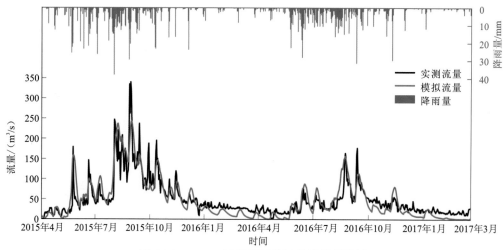

图 5-34　DDRM 验证期猫街站径流模拟效果

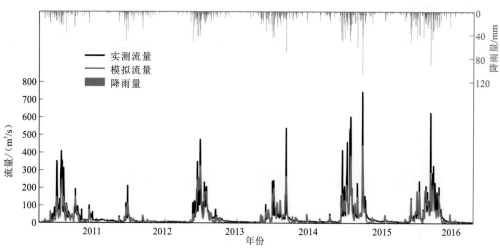

图 5-35　DDRM 率定期马岭站径流模拟效果

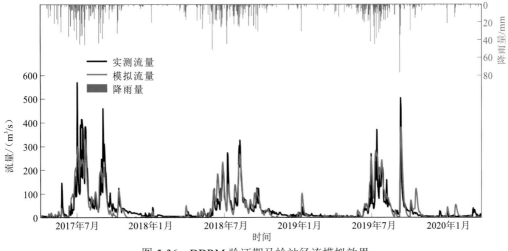

图 5-36　DDRM 验证期马岭站径流模拟效果

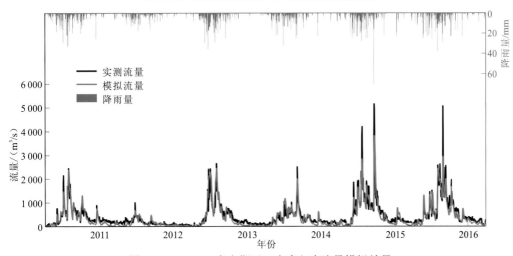

图 5-37　DDRM 率定期天一水库入库流量模拟效果

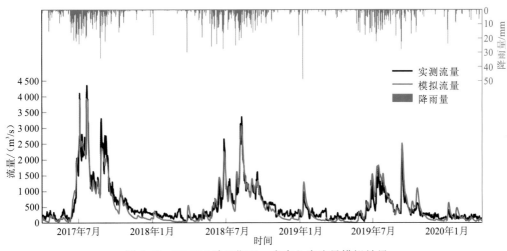

图 5-38　DDRM 验证期天一水库入库流量模拟效果

依据前述各子流域模拟结果和天一水库模拟结果,统计得到 DDRM 对天一区间径流的模拟效果(图 5-39 和图 5-40)。总体而言,DDRM 对天一区间径流过程模拟较好。但是基于实测数据推算的天一区间径流在 2015~2017 年呈现出与往年不一致的特征,导致模拟结果较差。具体来说,由于实测数据中出现了较长时段的径流量持续小于 0 的情况(主要是由于水库的入库流量为计算所得,而非站点观测数据),这一时间范围内 DDRM 对天一区间径流的模拟能力较差。

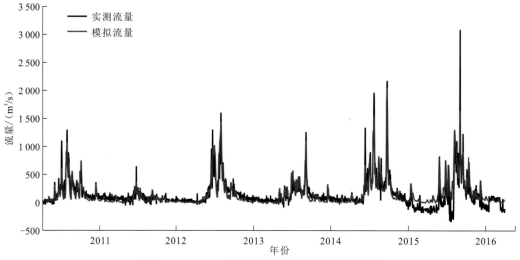

图 5-39 DDRM 率定期天一区间径流模拟效果

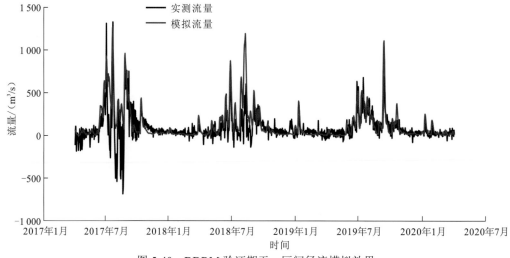

图 5-40 DDRM 验证期天一区间径流模拟效果

5.3.4 耦合气象预报的天一水库入库径流预报

将经过偏差校正的气象预报产品 CFSv2 输入 DDRM 中,可以得到预见期为 1~30

天的逐日径流预报结果。使用 2015 年 1 月~2019 年 11 月气象预报数据检验 DDRM 的径流预报效果。

日径流预报需要预报次日天一电厂平均入库流量。类似于 5.2.2 小节，从天一区间径流预报和天一水库入库径流预报两个角度评价预报效果。表 5-10 为区间和全流域汛期日径流预报月平均精度。与表 5-7 对比可知，相比于喀斯特新安江模型，DDRM 的预报表现略差。总体而言，全流域预报精度在 75% 左右，2017 年汛期表现较好，精度在 80% 左右。

表 5-10　区间和全流域汛期日径流预报月平均精度（DDRM）　　　　（单位：%）

时间	区间预报	全流域预报	时间	区间预报	全流域预报
2016 年 6 月	68.65	69.83	2018 年 6 月	71.00	64.87
2016 年 7 月	77.92	80.15	2018 年 7 月	63.06	77.18
2016 年 8 月	63.96	74.91	2018 年 8 月	67.93	88.26
2016 年 9 月	55.75	76.58	2018 年 9 月	82.13	87.24
2016 年 10 月	64.36	68.18	2018 年 10 月	68.58	74.15
2017 年 6 月	53.96	49.99	2019 年 6 月	62.99	56.79
2017 年 7 月	85.12	89.00	2019 年 7 月	79.81	57.60
2017 年 8 月	80.65	85.04	2019 年 8 月	77.11	84.36
2017 年 9 月	83.61	80.16	2019 年 9 月	73.08	72.89
2017 年 10 月	81.88	76.74	2019 年 10 月	40.46	49.08

图 5-41 和图 5-42 展示了 2018 年和 2019 年汛期天一水库入库实测流量和预见期为 1 天的预报流量过程。由图 5-41、图 5-42 可知，DDRM 在汛期对洪水的涨落过程有较好的预报效果，但 2018 年的预报效果优于 2019 年，表现为实测和预报的径流过程线更为吻合。

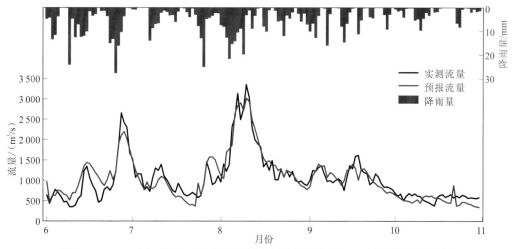

图 5-41　2018 年汛期天一水库入库实测流量和预见期为 1 天的预报流量过程

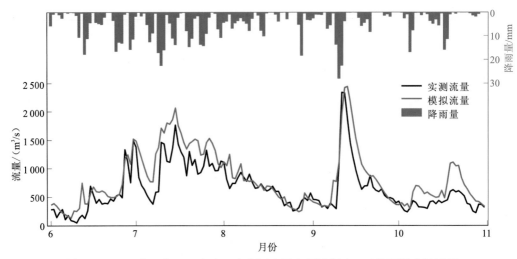

图 5-42　2019 年汛期天一水库入库实测流量和预见期为 1 天的预报流量过程

5.4　中期径流概率预报

考虑到单一模型径流预报效果往往和实际发生情况有差别，本节采用多种模型开展了径流预报。为了进一步增强预报的可信度，在多模型预报的基础上引入了概率预报，即基于多模型预报的结果，生成 95%置信区间，以考虑径流预报结果的不确定性。本节采用 BMA 方法，通过对多模型预报结果进行蒙特卡罗（Monte Carlo）随机抽样得到概率预报区间；同时，通过期望最大化算法得到多模型集合平均的预报结果。以下首先对概率预报产生的方法进行介绍，再展示概率预报的结果。

5.4.1　概率预报方法

1. BMA 方法

BMA 方法是一种通过集成不同模型预报值的先验分布来获取预报变量概率分布的方法（江善虎 等，2017；杜新忠 等，2014；董磊华 等，2011；Duan et al.，2007）。应用 BMA 方法进行集合预报时，首先选择能够反映变量分布特征的概率密度函数来表征集合成员，然后将该成员为最好预报时的后验概率作为该成员的权重，从而将各成员的概率密度函数加权组合，得到组合后预报变量的概率密度函数。其基本原理如下：假设 Q_{sim} 为集合平均模拟值，Y 为实测值，$\boldsymbol{X}=[X_1,X_2,\cdots,X_M]$ 为 M 个成员的集合，则 BMA 方法生成的 Q_{sim} 的概率密度函数为

$$p(Q_{\text{sim}} \mid Y) = \sum_{i=1}^{M} p(X_i \mid Y) \cdot p(Q_{\text{sim}} \mid X_i, Y) \tag{5-2}$$

为集合成员分配的权重为

$$\omega_i = p(X_i \mid Y), \qquad \sum_{i=1}^{M} \omega_i = 1 \tag{5-3}$$

式中：$p(X_i|Y)$ 为实测值为 Y 时，第 i 个成员的后验概率，表示该模型表现最优的概率，模型精度越高，其被赋予的权重也就越高；$p(Q_{\text{sim}}|X_i, Y)$ 为给定集合成员 X_i 和实测值 Y 时，Q_{sim} 的后验分布。

2. 期望最大化算法

BMA 方法加权平均径流预报的概率分布参数 ω_i 和 σ_i^2 采用期望最大化算法推求，期望最大化算法假设各模型预报序列服从正态分布。因此，在利用期望最大化算法推求概率分布参数之前，采用 MATLAB 中的 Box-Cox 函数对实测径流序列和各模型预报序列进行正态转换。

3. 估算预报不确定性区间

利用期望最大化算法得到参数 ω_i 和 σ_i^2 后，采用蒙特卡罗随机抽样方法产生一定数目的径流模拟值以产生 BMA 方法预报值的不确定性区间，具体做法如下。

（1）根据各模型的权重 $\omega_i(i = 1 \sim M)$，随机生成一个 $1 \sim M$ 之内的整数 m。设累积概率 $\omega_0' = 0$，$\omega_m' = \omega_{m-1}' + \omega_m$，随机生成 $0 \sim 1$ 之内的随机数 n'；若 $\omega_{m-1}' < n' < \omega_m'$，则选中第 m 个模型。

（2）根据第 m 个模型在 t 时刻的均值为 f_m、方差为 σ_m^2 的正态分布随机生成流量 Q_{sim}^t。

（3）重复上述步骤 100 次。100 次随机模拟的径流值的 95%分位数和 5%分位数之间的值组成 BMA 方法预报的 90%不确定性区间。

5.4.2　概率预报结果

考虑到本节采用的三种中期径流预报方法的预报结果具有一定的差异，采用 BMA 方法对预报结果进行加权并计算概率预报区间。表 5-11 为全流域汛期日预报的月平均精度。由表 5-11 可知，按照《南方电网水文气象情报预报规范》（Q/CSG 110018—2012），2018 年全流域预报仅有 1 个月精度低于 80%，其余 4 个月精度高于 80%；但 2019 年未达到 80%精度的月份较多（6 月、7 月、9 月、10 月），仅有 8 月达到 80%的精度。与基于喀斯特新安江模型的中期径流预报相比，基于 BMA 方法的中期径流预报效果有一定程度的提升。

表 5-11　全流域汛期日预报的月平均精度（BMA 方法）　　　（单位：%）

时间	全流域预报
2018 年 6 月	72.70
2018 年 7 月	84.95
2018 年 8 月	88.80
2018 年 9 月	88.23
2018 年 10 月	84.06
2019 年 6 月	50.41
2019 年 7 月	73.56
2019 年 8 月	86.21
2019 年 9 月	77.16
2019 年 10 月	64.65

　　图 5-43～图 5-48 展示了验证期各年 6 月 1 日、8 月 1 日、10 月 1 日发起的预见期为 30 天的天一水库入库径流预报结果。整体而言，三种中期径流预报方法及 BMA 方法均可以较好地预报实测径流。其中，基于机器学习的中期径流预报结果与实测结果最为接近；基于 DDRM 的中期径流预报结果整体偏大，特别是对洪水峰值的模拟效果仍有待进一步提升。由于 BMA 方法在权重赋值的过程中，将更高的权重赋予表现最好的成员，因此，在不同发起点下，BMA 方法组合径流预报效果均位列前茅，与单一最优径流预报结果相差较小。

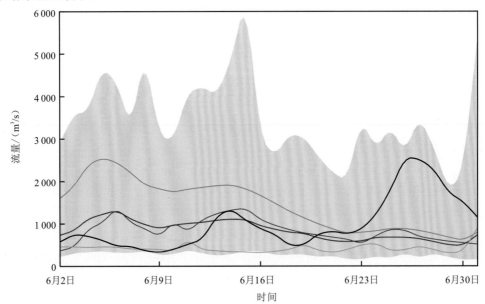

图 5-43　2018 年 6 月 1 日发起的当月 1～30 日天一水库入库径流预报结果

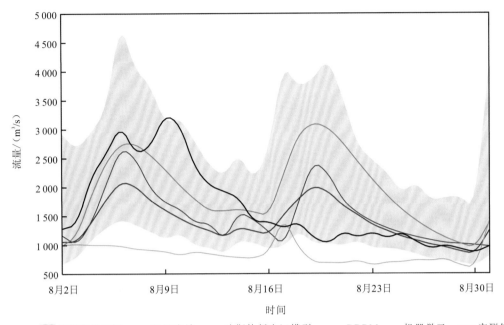

图 5-44　2018 年 8 月 1 日发起的当月 1～30 日天一水库入库径流预报结果

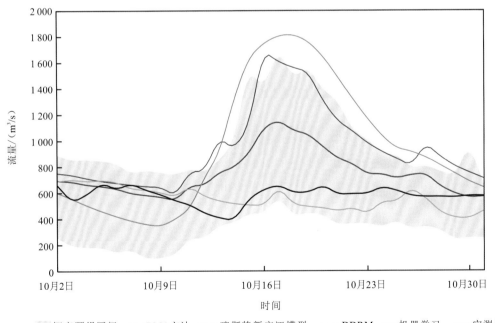

图 5-45　2018 年 10 月 1 日发起的当月 1～30 日天一水库入库径流预报结果

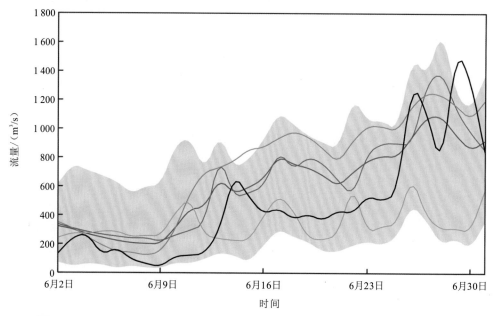

图 5-46 2019 年 6 月 1 日发起的当月 1～30 日天一水库入库径流预报结果

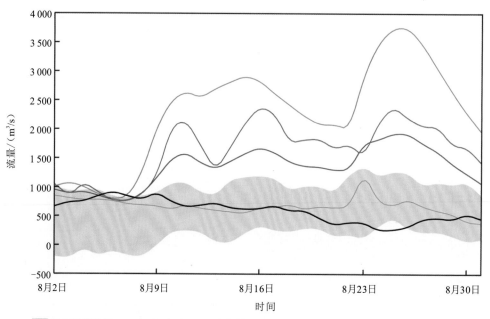

图 5-47 2019 年 8 月 1 日发起的当月 1～30 日天一水库入库径流预报结果

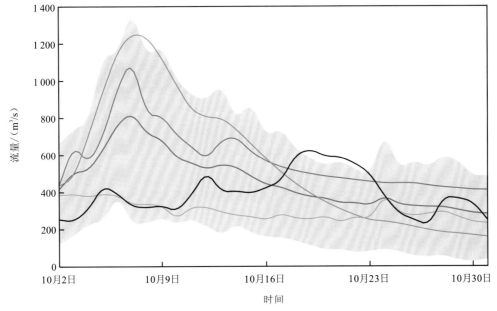

图 5-48　2019 年 10 月 1 日发起的当月 1～30 日天一水库入库径流预报结果

5.5　本　章　小　结

在中期径流预报方面，本章建立了基于机器学习、喀斯特新安江模型和 DDRM 的中期（预见期为 1～30 天）径流预报模型，同时基于 BMA 方法开展了中期径流概率预报，得出的主要结论如下。

（1）在基于机器学习的中期径流预报中，DBN 对天一水库中期入库径流的预报效果均较好。在验证期，预见期为 1～10 天的平均精度可达 69%，30 天平均预报精度超过 60%。

（2）在基于喀斯特新安江模型的中期径流预报中，各分区参数率定结果基本合理，天一水库入库径流的模拟效果较好，纳什效率系数可达 0.9 以上，对洪峰过程也有较好的模拟能力。耦合气象预报的喀斯特新安江模型区间预报也有较好的预报效果，但全流域预报存在误差累积问题，预报精度降低。

（3）在基于 DDRM 的中期径流模拟中，模型在枯期模拟效果较佳，但对洪水的模拟能力欠佳；对天一水库入库径流进行模拟的纳什效率系数可达 0.84 以上；在用于天一水库入库径流预报时，模型能反映天一水库入库径流的涨落过程，但不同月份的表现差异较大；除少数月份以外，次日预报精度超过 65%。

（4）在基于 BMA 方法的中期径流概率预报中，BMA 方法可以较好地预报实测径流，由于 BMA 方法在权重赋值的过程中，将更高的权重赋予表现最好的成员，因此，对于不同的发起点，BMA 方法组合径流预报效果均表现较优。

参 考 文 献

陈石磊, 熊立华, 查悉妮, 2020. 考虑喀斯特地貌的分布式降雨径流模型在西江流域的应用[J]. 人民珠江, 41(5): 17-24.

董磊华, 熊立华, 万民, 2011. 基于贝叶斯模型加权平均方法的水文模型不确定性分析[J]. 水利学报, 42(9): 1065-1074.

杜新忠, 李叙勇, 王慧亮, 等, 2014. 基于贝叶斯模型平均的径流模拟及不确定性分析[J]. 水文, 34(3): 6-10.

江善虎, 任立良, 刘淑雅, 等, 2017. 基于贝叶斯模型平均的水文模型不确定性及集合模拟[J]. 中国农村水利水电(1): 107-112, 117.

舒鹏, 熊立华, 陈石磊, 等, 2020. 基于多卫星降雨产品和多降雨径流模型的西江流域径流集合模拟[J]. 人民珠江, 41(5): 25-32, 37.

熊立华, 郭生练, 曾凌, 等, 2019. 珠江流域分布式降雨径流模拟[M]. 北京: 科学出版社.

DUAN Q Y, AJAMI N K, GAO X G, et al., 2007. Multi-model ensemble hydrologic prediction using Bayesian model averaging[J]. Advances in water resources, 30(5): 1371-1386.

HINTON G E, OSINDERO S, TEH Y W, 2006. A fast learning algorithm for deep belief nets[J]. Neural computation, 18(7): 1527-1554.

第6章 长期径流预报

长期径流预报指预见期为 1～12 个月的逐月预报。类似于中期径流预报，采用数据驱动模型和过程驱动模型开展长期径流预报。其中，数据驱动模型包括多元线性回归模型和机器学习两种方法，两种方法均基于历史数据建立预报对象与众多预报因子之间的数学关系，并借助这种数学关系对未来的径流情势进行预报，预报因子的选择是该类型方法成功使用的关键。过程驱动模型基于两参数月水量平衡模型，将偏差校正后的月降水和气温预报数据作为模型输入，对未来逐月径流进行预报。下面介绍以上三种长期径流预报方法并展示预报结果。

6.1　基于多元线性回归模型的长期径流预报

本节根据天一水库多年入库径流数据、多种气象和大气环流因子等，利用多元线性回归模型逐月对入库径流进行拟合和预报检验分析。基于多元线性回归模型的预报方法是一种传统的数据驱动预报方法，其模型建立基于各预报因子和预报对象之间呈线性关系这一假设，并认为未来是按这种关系发展，从而进行预报。

6.1.1　多元线性回归模型建模方法

在基于多元线性回归模型的长期径流预报中，预报因子组合的合理选择是多元线性回归模型成功构建的关键。尽管径流过程受多种因素影响，其物理机制尚未完全明确，但可以通过物理成因分析、相关性分析和逐步回归分析找出对预报对象具有显著影响且独立性强的预报因子，并基于最小二乘原理构建多元线性回归模型。本节依据上述方法构建了天一水库入库长期径流预报模型，并对其效果进行了检验分析。

1. 影响长期径流预报模型精度的关键因子挖掘

（1）物理成因分析。

流域径流过程是天气过程的产物，引起长期天气变化的大气环流因子是流域径流要素长期变化的物理原因之一。大气环流因子代表了大气环流的部分物理特性和演变特性，而其与降水和径流之间的关系也是显著的（孙海滨和高涛，2012）。近代的大气环流实测资料在时间、空间和资料种类上都广泛而丰富，便于及时获得和应用，可将大气环流因子选为长期径流预报因子。此外，大气环流的影响因素很多，其中海温的影响越来越受到关注（Chen and Georgakakos，2015，2014）。海洋不仅是驱动大气运动的能量直接供应者和调节器，还是大气中水汽的主要源地。海洋的热力和动力特性对大气变化具有独特的"记忆功能"和"低通滤波"作用，因此海温一直被认为是引起环流和气候异常的一个重要因素，在全球气候变化中扮演着非常重要的角色，其中太平洋和印度洋的海洋表面热力状况与中国天气气候的关系尤为密切。较多研究表明，将海温偶极因子（两个区域的海温差）作为自变量可以显著提高长期径流预报的精度。同时，与径流形成相关的流域前期水文气象要素，如前期径流、前期累积降水量和面平均气温等，也是重要的预报因子。此外，上游大型水利工程的调度行为也可能会对下游的入库流量造成影响。但本节中降水、气温、上游水库出流数据时段较短，在多元线性回归模型长期径流预报中没有考虑。综上，在全面分析径流影响因素的基础上，将前期径流、大气环流因子和海温偶极因子作为多元线性回归模型长期径流预报的关键因子。

（2）相关性分析。

由于大气环流因子和海温偶极因子对径流的影响需要一定的滞后时间才能反映出

来，因此在长期径流预报中，因子挑选环节需要考虑各因子的影响滞后期。这一挑选过程通常需要对因子与实测径流序列之间的相关性进行分析。根据以往研究，假定根据物理成因挑选出的大气环流因子和海温偶极因子等预报因子对径流最长有 12 个月或 24 个月的影响滞后期。据此，将带有影响滞后期的因子组成待挑选的预报因子集。鉴于此，预报因子集可能过大，故分别对各因子和径流序列计算皮尔逊（Pearson）相关系数，筛选出集合内与径流序列显著相关的因子。在本节中，采用奇数年数据率定长期预报模型，率定期样本数为 33，显著性水平取为 0.05，则因子与径流序列相关系数大于 0.344 者通过相关性挑选。

（3）逐步回归分析。

经相关性分析筛选出的多个因子可能存在两两之间显著相关的情况，这会使多元线性回归分析出现多重共线性的问题，从而影响预报效果，因此需要通过逐步回归分析进一步筛选因子。逐步回归分析是按自变量和因变量显著性的大小逐个引入变量，所以会产生与引入变量数量同样多的因子组合，对应多个多元线性回归模型。为得到因子数量较少、涵盖主要信息且率定期拟合效果合格的模型，在逐步回归分析中利用率定期的修正复相关系数确定最终的逐步回归结果。在本节中，率定期修正复相关系数达到 0.8 时，对应的最少因子个数组合即逐步回归的最终结果；若所有因子组合在率定期的拟合效果都无法达到修正复相关系数 0.8，则选择修正复相关系数 0.75 对应的最少因子个数组合；类似地，若达不到 0.75，则选用 0.65；率定期修正复相关系数小于 0.65 判定为无法有效拟合。

2. 基于多元线性回归模型的长期径流预报方法

多元线性回归模型具有客观、定量等优点，能够比较全面地综合各预报因子的作用（曹鸿兴，1990）。本节中，同等看待各预报因子，按最小二乘原理确定各预报因子的回归系数，建立回归方程。

$$y = \sum_{i=1}^{n} b_{c,i} \cdot x(t)_i + f_c \tag{6-1}$$

式中：$x(t)_i$ 为预报因子序列，i 为预报因子序号；n 为预报因子个数；$b_{c,i}$ 为回归系数；f_c 为常数项。

多元线性回归模型的效果用复相关系数和 F 检验衡量。

（1）复相关系数。

复相关系数反映一个因变量与一组自变量（两个或两个以上）之间的相关程度，是度量复相关程度的指标（贾俊平 等，2015），可以由式（6-2）计算。

$$R = \sqrt{1 - Q/S_{YY}} \tag{6-2}$$

式中：$S_{YY} = U + Q = \sum_{j=1}^{m} (y_j - \overline{y})^2$ 为总离差平方和，m 为样本数，j 为样本点序号，y_j 为第 j 个观测值，$\overline{y}$ 为观测均值，$U = \sum_{j=1}^{m} (\widehat{y_j} - \overline{y})^2$ 为回归平方和，$Q = \sum_{j=1}^{m} (y_j - \widehat{y_j})^2$ 为残差平方和，$\widehat{y_j}$ 为多元线性回归模型的预测值。复相关系数 R 反映的是全部自变量与因变量 y

的线性关系，是表征其相关程度的数量指标。

当多元线性回归模型中加入新的变量时，R 增加，故当多元线性回归模型增添的因素越来越多时，就容易使 R 人为地增大。与一元线性回归模型不同，多元线性回归模型中并不是 R 越大越好，所以在多元线性回归的计算中，不可一味地寻找一个极大化 R 的多元线性回归模型，而是应该使每个自变量都有意义且自变量个数合理，这样才能使方程既可以表示出所要模拟的对象又具有简单性。为了解决上述问题，采用修正 R 的方法，即只有当自变量确实对因变量有所作用时，修正的 R 才会增加。定义 $\overline{R}$ 为修正的 R，用 $\overline{R}$ 矫正拟合优度对自由度的依赖关系：

$$\overline{R} = \sqrt{1 - \frac{Q/(m-n-1)}{S_{YY}/(m-1)}} = \sqrt{1 - \frac{(m-1)}{(m-n-1)}(1-R^2)} \qquad (6\text{-}3)$$

式中：m 为样本数；n 为预报因子个数。

（2）F 检验。

F 检验用来检验回归效果是否显著，即检验全部自变量的回归系数与 0 有无显著差别（Lomax，2007）。当差别显著时，说明回归方程中的预报因子是起作用的，所建立的回归方程是有预报意义的。

$$F = \frac{U/n}{Q/(m-n-1)} \qquad (6\text{-}4)$$

方差比 F 考虑了回归平方和 U 与残差平方和 Q 的作用，也考虑了预报因子个数 n 与样本数 m 的作用。由统计量 F 可见，F 越大，回归效果越好。

由以上多元线性回归模型建立 1～12 月每月径流的预报模型，不同月份分开建模，可充分考虑不同月份径流的差异性。

6.1.2 多元线性回归模型建模数据

1. 大气环流因子

首先选择来自中国气象局国家气候中心的 88 项逐月大气环流因子，该数据集每月初更新上个月的数据。各因子的时间跨度为 1954 年 1 月～2019 年 12 月。若某因子缺测月数大于选用数据序列长度的 10%，则弃用该因子，其余有缺测项的因子，采用均值进行插补。最终有 75 项大气环流因子被保留，用于后续模型构建（表 6-1）。

表 6-1 选用的 75 项大气环流因子

编号	大气环流因子名称	编号	大气环流因子名称
1	北半球副高面积指数	5	西太平洋副高面积指数
2	北非副高面积指数	6	东太平洋副高面积指数
3	北非-大西洋-北美副高面积指数	7	北美副高面积指数
4	印度副高面积指数	8	北大西洋副高面积指数

续表

编号	大气环流因子名称	编号	大气环流因子名称
9	南海副高面积指数	33	北太平洋副高脊线位置指数
10	北美-大西洋副高面积指数	45	西太平洋副高西伸脊点指数
11	北太平洋副高面积指数	46	亚洲区极涡面积指数
12	北半球副高强度指数	47	太平洋区极涡面积指数
13	北非副高强度指数	48	北美区极涡面积指数
14	北非-北大西洋-北美副高强度指数	49	大西洋-欧洲区极涡面积指数
15	印度副高强度指数	50	北半球极涡面积指数
16	西太平洋副高强度指数	51	亚洲区极涡强度指数
17	东太平洋副高强度指数	52	太平洋区极涡强度指数
18	北美副高强度指数	53	北美区极涡强度指数
19	北大西洋副高强度指数	54	北大西洋-欧洲区极涡强度指数
20	南海副高强度指数	55	北半球极涡强度指数
21	北美-北大西洋副高强度指数	56	北半球极涡中心经向位置指数
22	太平洋副高强度指数	57	北半球极涡中心纬向位置指数
23	北半球副高脊线位置指数	58	北半球极涡中心强度指数
24	北非副高脊线位置指数	59	欧亚纬向环流指数
25	北非-北大西洋-北美副高脊线位置指数	60	欧亚经向环流指数
26	印度副高脊线位置指数	61	亚洲纬向环流指数
27	西太平洋副高脊线位置指数	62	亚洲经向环流指数
28	东太平洋副高脊线位置指数	63	东亚槽位置指数
29	北美副高脊线位置指数	64	东亚槽强度指数
30	大西洋副高脊线位置指数	65	西藏高原-1 指数
31	南海副高脊线位置指数	66	西藏高原-2 指数
32	北美-北大西洋副高脊线位置指数	67	印缅槽强度指数

编号	大气环流因子名称	编号	大气环流因子名称
68	北极涛动指数	80	30 hPa 纬向风指数
69	南极涛动指数	81	50 hPa 纬向风指数
70	北大西洋涛动指数	82	赤道中东太平洋 200 hPa 纬向风指数
71	太平洋-北美遥相关型指数	83	850 hPa 西太平洋信风指数
72	东大西洋遥相关型指数	84	850 hPa 中太平洋信风指数
73	西太平洋遥相关型指数	85	850 hPa 东太平洋信风指数
74	北太平洋遥相关型指数	86	北大西洋-欧洲环流 W 型指数
75	东大西洋-西俄罗斯遥相关型指数	87	北大西洋-欧洲环流 C 型指数
77	极地-欧亚遥相关型指数	88	北大西洋-欧洲环流 E 型指数
78	斯堪的纳维亚遥相关型指数		

注：表中编号项对应下载自中国气象局国家气候中心的 88 项大气环流因子的原始编号，弃用的 13 项大气环流因子为第 34～44、76 和 79 项。

2. 径流数据

径流数据来自 1936～1997 年天一站月平均流量和 1998～2019 年更新的月平均入库流量数据。表 6-2 对 1936～2019 年各月入库径流序列进行了统计一致性分析和物理一致性分析。结果显示，由于气候变化和人类活动（包括人为取用水和大型水利工程修建），大多数月份径流序列一致性被破坏。因此，多元线性回归模型构建过程中采用奇数年率定、偶数年验证的方法。统计一致性分析中，趋势分析选择曼-肯德尔（Mann-Kendall）检验方法；突变点检测选用有序聚类法，佐以曼-肯德尔检验方法。检测出的突变点需通过秩和检验法的显著性检验，显著性水平均取 0.05。物理一致性分析主要结合上游鲁布革水库和云鹏水库工程建设时间节点及历史实测入库径流序列进行，据此假设的突变点同样需要通过秩和检验法的显著性检验。据调查，上游的鲁布革水库 1988 年第一台机组投产，1990 年建成；云鹏水库 2003 年 8 月开工，2006 年 12 月开始下闸蓄水，2009 年 3 月完成工作闸门启闭机安装调试。

表 6-2　1936～2019 年天一水库各月入库径流序列一致性分析及突变点选择

月份	统计一致性分析						物理一致性分析			综合突变年份选择
	整体斜率	Z 统计量	Z 分位数	趋势是否显著	有存聚类突变年份	秩和检验是否显著	物理成因	突变年份	秩和检验是否显著	
1	0.250	0.730	1.96	否	2018	不显著	云鹏水库修建	2013	显著	2013
2	0.076	0.313	1.96	否	2014	显著	云鹏水库修建	2014	显著	2014
3	-0.193	-0.892	1.96	否	1953	显著	云鹏水库修建	2009	不显著	1953
4	0.694	3.257	1.96	上升	1966	显著	鲁布革水库、云鹏水库修建	1990、2010	显著	1966、1990、2009
5	-0.318	-0.498	1.96	否	1939	不显著				无
6	-0.929	-0.637	1.96	否	2008	不显著				无
7	-1.429	-0.649	1.96	否	2008	不显著				无
8	-9.038	-3.376	1.96	下降	1986	显著（曼-肯德尔检验方法下 1975 年也显著）	云鹏水库修建	2009	显著	1975、1986、2009
9	-4.479	-2.198	1.96	下降	1988	显著	云鹏水库修建	2005	显著	1988、2005
10	-3.081	-2.801	1.96	下降	1997	显著	云鹏水库修建	2009	显著	1997、2009
11	-1.599	-2.349	1.96	下降	2008	显著（曼-肯德尔检验方法下 2001 年也显著）	云鹏水库修建	2008	显著	2001、2008
12	-0.563	-1.549	1.96	否	1973	显著	云鹏水库修建	2009	不显著	1973

3. 海温偶极因子

根据选用大气环流因子数据的起止时间，海温数据选用 Kaplan Extended SST V2 海温波动月值数据资料 1954 年 1 月~2019 年 12 月数据序列。利用海温偶极筛选模型(Qian et al.，2020；Chen and Georgakakos，2015，2014)，筛选与 1954~2019 年中奇数年天一水库各月入库径流序列显著相关的海温偶极区域。分别构建所有显著海温偶极区域海温差与入库径流的多元线性回归模型，用留一交叉验证方法保留平均绝对误差最小的 10 个显著海温偶极区域海温差（即海温偶极因子）。模型构建过程中引入海温偶极因子时，仅保留 10 个海温偶极因子中与奇数年实测径流序列皮尔逊相关系数最大的 1 个。前期径流及 75 项大气环流因子直接引入。

6.1.3 多元线性回归模型月径流预报结果评价

1. 预报精度评估

本节考虑最长 12 个月或 24 个月影响滞后期，向多元线性回归模型中逐个引入大气环流因子、海温偶极因子和前期径流，得到多种因子选择方案，并分析根据各方案构建的多元线性回归模型在验证期的预报精度。依据《南方电网水文气象情报预报规范》(Q/CSG 110018—2012)，评价年、月径流预报精度，预报值大于实际值 2 倍以上时，预报精度按 0 处理。

对各方案进行相关性分析及逐步回归分析，得到的多元线性回归模型在 1954~2019 年验证期（偶数年）的预报精度见表 6-3~表 6-15。表 6-3~表 6-7 为仅考虑一种预报因子的结果。当仅使用前期径流进行预报时，只有个别月份能达到率定期修正复相关系数大于 0.65 的要求（表 6-3）。表 6-8~表 6-13 为考虑两种因子组合的结果，表 6-14 和表 6-15 为考虑三种因子组合（前期径流、大气环流因子、海温偶极因子）的结果。只使用前期径流考虑最长 24 个月影响滞后期的结果与表 6-3 相似，故不再单独列出。

表 6-3 只使用前期径流考虑最长 12 个月影响滞后期的验证期预报精度 （单位：%）

预见期	月份			
	1	2	9	12
1 个月	85.42	85.85	63.98	86.59
2 个月	—	80.74	—	79.16
3 个月	—	—	—	77.70
4 个月	—	—	—	77.70

表 6-4　只使用大气环流因子考虑最长 **12** 个月影响滞后期的验证期预报精度　（单位：%）

预见期	月份												平均
	1	2	3	4	5	6	7	8	9	10	11	12	
1 个月	69.99	75.95	70.41	69.32	45.09	67.89	65.84	53.56	47.73	59.51	42.67	54.96	60.24
2 个月	72.79	75.95	69.84	69.31	46.23	67.89	57.63	53.56	47.73	59.51	42.67	54.96	59.84
3 个月	72.79	73.38	67.45	69.31	46.73	63.18	57.63	53.56	47.73	63.52	42.67	54.96	59.41
4 个月	74.07	73.38	67.45	69.31	46.73	63.18	57.63	51.83	47.73	63.52	42.67	54.96	59.37
5 个月	69.93	73.47	63.64	69.31	46.73	70.83	57.63	51.83	53.54	53.15	42.67	53.73	58.87
6 个月	69.93	75.00	60.99	69.31	46.73	70.83	57.63	50.29	53.54	56.50	41.11	60.02	59.32
7 个月	66.13	75.00	62.70	69.31	46.73	70.83	57.63	51.42	49.79	56.50	37.84	55.06	58.25
8 个月	66.13	72.29	62.15	67.38	46.73	70.83	55.02	53.68	49.79	59.90	37.84	70.84	59.38
9 个月	75.17	72.29	62.15	70.05	48.35	65.04	55.02	53.68	49.79	59.90	37.84	63.50	59.40
10 个月	69.19	72.29	68.99	70.05	48.35	65.97	55.02	53.68	41.63	59.90	37.84	63.50	58.87
11 个月	69.19	72.29	68.99	70.05	48.35	65.97	60.43	50.66	36.53	59.90	37.84	67.23	58.95
12 个月	69.19	72.29	65.02	70.05	51.46	65.97	54.51	50.66	36.53	64.17	45.66	67.23	59.40

表 6-5　只使用大气环流因子考虑最长 **24** 个月影响滞后期的验证期预报精度　（单位：%）

预见期	月份												平均
	1	2	3	4	5	6	7	8	9	10	11	12	
1 个月	72.94	71.16	70.41	67.40	50.40	63.18	54.51	52.83	47.73	59.51	42.67	59.71	59.37
2 个月	73.97	71.16	69.84	67.40	50.40	63.18	54.51	52.83	47.73	59.51	42.67	59.71	59.41
3 个月	73.97	74.61	66.01	67.40	48.85	60.41	54.51	52.83	47.73	63.52	42.67	59.71	59.35
4 个月	73.97	74.61	66.01	67.40	48.85	60.41	54.51	52.83	47.73	64.36	42.67	59.71	59.42
5 个月	67.13	74.61	57.63	67.40	48.85	60.41	54.51	52.83	53.54	64.56	42.67	67.48	59.30
6 个月	67.13	71.51	65.02	67.40	48.85	60.41	54.51	54.23	53.54	64.56	42.38	67.48	59.75
7 个月	69.19	71.51	65.02	67.40	51.91	60.41	54.51	48.81	44.09	64.56	45.08	69.92	59.37
8 个月	69.19	71.51	65.02	62.89	51.91	60.41	54.51	48.81	44.09	64.56	50.74	62.40	58.84
9 个月	65.16	71.51	65.02	62.89	51.91	60.41	54.51	48.81	56.68	64.56	50.74	62.40	59.55
10 个月	65.16	73.34	65.77	62.89	51.91	60.41	54.51	48.81	56.68	64.56	50.74	62.40	59.77
11 个月	65.16	73.34	66.02	62.89	51.91	60.41	54.51	48.81	56.68	64.56	47.20	62.40	59.49
12 个月	65.16	73.34	66.02	62.89	51.91	60.41	54.51	48.81	45.14	53.24	34.52	63.21	56.60

表 6-6　只使用海温偶极因子考虑最长 **12** 个月影响滞后期的验证期预报精度（单位：%）

预见期	月份												平均
	1	2	3	4	5	6	7	8	9	10	11	12	
1 个月	68.62	71.33	57.94	72.27	51.39	66.71	52.26	60.71	63.20	63.51	56.55	67.70	62.68
2 个月	68.62	71.33	61.83	68.91	51.33	66.71	52.26	60.71	63.20	63.51	56.55	67.70	62.72
3 个月	68.62	71.33	61.83	68.91	51.33	66.71	52.26	54.60	63.20	64.40	56.55	67.70	62.29
4 个月	66.05	71.33	58.44	68.91	51.80	66.71	52.26	59.04	63.20	63.84	53.42	67.70	61.89
5 个月	66.05	71.33	62.03	67.55	56.59	64.65	62.92	59.04	51.37	63.84	53.42	68.58	62.28
6 个月	66.05	71.33	69.56	60.02	56.59	64.65	62.92	53.84	51.37	61.81	53.42	67.64	61.60
7 个月	66.05	71.33	69.56	59.14	56.59	60.62	62.92	53.84	51.37	61.81	51.70	67.64	61.05
8 个月	66.05	71.33	67.80	59.14	56.59	60.62	62.44	53.84	51.37	62.27	51.70	68.18	60.94
9 个月	70.57	71.33	65.76	65.38	47.93	60.62	61.47	56.87	56.90	56.36	51.70	68.18	61.09
10 个月	62.94	70.13	65.76	68.18	57.95	60.78	59.87	50.66	45.50	61.62	51.70	68.18	60.27
11 个月	69.03	70.13	65.76	65.21	58.77	60.78	54.94	50.66	45.50	56.80	51.70	68.18	59.79
12 个月	63.55	70.52	65.76	65.21	54.52	56.09	54.94	50.42	45.50	47.05	51.70	71.12	58.03

表 6-7　只使用海温偶极因子考虑最长 **24** 个月影响滞后期的验证期预报精度　（单位：%）

预见期	月份												平均
	1	2	3	4	5	6	7	8	9	10	11	12	
1 个月	68.62	70.15	57.94	72.27	54.51	64.65	52.26	53.75	51.37	63.52	53.78	70.53	61.11
2 个月	68.62	70.15	65.59	68.01	54.51	64.65	52.26	53.75	51.37	63.52	53.78	70.53	61.40
3 个月	68.62	70.15	65.59	68.01	54.51	64.65	58.96	53.75	51.37	66.16	53.78	70.53	62.17
4 个月	70.66	70.15	58.25	68.01	47.59	64.65	60.53	53.75	51.37	66.16	53.78	70.53	61.29
5 个月	70.66	69.93	64.86	67.55	47.40	63.05	60.53	53.75	51.37	66.16	51.70	70.53	61.46
6 个月	70.66	69.93	64.86	67.23	47.40	51.00	60.53	53.75	51.37	66.16	51.70	70.53	60.43
7 个月	70.66	72.10	63.01	67.23	47.40	51.00	60.53	53.75	51.37	66.16	51.70	70.53	60.45
8 个月	70.66	68.65	69.16	67.23	47.40	51.00	60.53	53.75	51.37	51.45	51.70	70.53	59.45
9 个月	70.66	68.65	69.16	66.98	49.53	51.00	58.52	50.42	56.90	51.45	51.70	70.53	59.63
10 个月	70.66	66.43	69.16	68.03	49.53	51.00	58.52	51.74	52.08	51.45	51.70	70.53	59.24
11 个月	70.66	66.43	69.16	68.03	49.53	51.00	58.52	51.74	52.08	51.45	51.70	70.53	59.24
12 个月	62.69	66.88	69.16	68.03	49.53	51.00	58.52	51.74	52.08	51.45	51.70	62.93	57.98

表 6-8　使用前期径流和大气环流因子考虑最长 12 个月影响滞后期的验证期预报精度（单位：%）

预见期	月份												平均
	1	2	3	4	5	6	7	8	9	10	11	12	
1 个月	81.99	86.64	70.41	72.19	45.09	60.21	68.67	53.56	60.57	59.51	55.65	86.32	66.73
2 个月	74.43	79.15	69.84	72.91	46.23	67.89	57.63	53.56	47.73	59.51	55.65	76.46	63.42
3 个月	74.43	76.09	67.45	72.66	46.73	63.18	57.63	53.56	47.73	63.52	55.65	71.10	62.48
4 个月	69.92	74.64	67.45	69.31	46.73	63.18	57.63	51.83	47.73	63.52	42.67	71.10	60.48
5 个月	69.93	76.15	63.64	69.31	46.73	70.83	57.63	51.83	53.54	53.15	42.67	53.73	59.10
6 个月	69.93	75.00	60.99	69.31	46.73	70.83	57.63	50.29	53.54	56.50	41.11	60.02	59.32
7 个月	67.89	75.00	62.70	69.31	46.73	70.83	57.63	51.42	49.79	56.50	37.84	55.06	58.39
8 个月	69.10	72.29	62.15	67.38	46.73	70.83	55.02	53.68	49.79	59.90	37.84	70.84	59.63
9 个月	75.17	72.29	62.15	70.05	48.35	65.04	55.02	53.68	49.79	59.90	37.84	63.50	59.40
10 个月	69.19	72.29	68.99	70.05	48.35	65.97	55.02	53.68	41.63	59.90	37.84	63.50	58.87
11 个月	69.19	72.29	68.99	70.05	48.35	65.97	60.43	50.66	36.53	59.90	37.84	67.23	58.95
12 个月	69.19	72.29	65.02	70.05	51.46	65.97	54.51	50.66	36.53	64.17	45.66	67.23	59.40

表 6-9　使用前期径流和大气环流因子考虑最长 24 个月影响滞后期的验证期预报精度（单位：%）

预见期	月份												平均
	1	2	3	4	5	6	7	8	9	10	11	12	
1 个月	81.99	86.64	70.41	77.50	50.40	63.18	58.31	52.83	64.33	59.51	55.65	86.32	67.26
2 个月	73.97	79.60	69.84	77.50	50.40	63.18	54.51	52.83	47.73	59.51	55.65	76.46	63.43
3 个月	73.97	74.61	66.01	71.31	48.85	60.41	54.51	52.83	47.73	63.52	55.65	72.22	61.80
4 个月	73.97	74.61	66.01	67.40	48.85	60.41	54.51	52.83	47.73	64.36	42.67	72.22	60.46
5 个月	67.13	74.61	57.63	67.40	48.85	60.41	54.51	52.83	53.54	64.56	42.67	67.48	59.30
6 个月	67.13	71.51	65.02	67.40	48.85	60.41	54.51	54.23	53.54	64.56	42.38	67.48	59.75
7 个月	69.19	71.51	65.02	67.40	51.91	60.41	54.51	48.81	44.09	64.56	45.08	69.92	59.37
8 个月	69.19	71.51	65.02	62.89	51.91	60.41	54.51	48.81	44.09	64.56	50.74	62.40	58.84
9 个月	65.16	71.51	65.02	62.89	51.91	60.41	54.51	48.81	56.68	64.56	50.74	62.40	59.55
10 个月	65.16	73.34	65.77	62.89	51.91	60.41	54.51	48.81	56.68	64.56	50.74	62.40	59.77
11 个月	65.16	73.34	66.02	62.89	51.91	60.41	54.51	48.81	56.68	64.56	47.20	62.40	59.49
12 个月	65.16	73.34	66.02	62.89	51.91	60.41	54.51	48.81	45.14	53.24	34.52	63.21	56.60

表 6-10　使用前期径流和海温偶极因子考虑最长 12 个月影响滞后期的验证期预报精度 （单位：%）

预见期	月份												平均
	1	2	3	4	5	6	7	8	9	10	11	12	
1 个月	68.62	86.64	57.94	72.27	51.39	66.71	52.26	60.71	71.74	70.54	56.55	86.32	66.81
2 个月	68.62	71.33	61.83	68.91	51.33	66.71	52.26	60.71	63.20	70.54	56.55	74.77	63.90
3 个月	68.62	71.33	61.83	68.91	51.33	66.71	52.26	54.60	63.20	64.40	56.55	67.70	62.29
4 个月	66.05	71.33	58.44	68.91	51.80	66.71	52.26	59.04	63.20	63.84	53.42	67.70	61.89
5 个月	66.05	71.33	62.03	67.55	56.59	64.65	62.92	59.04	51.37	63.84	53.42	68.58	62.28
6 个月	66.05	71.33	69.56	60.02	56.59	64.65	62.92	53.84	51.37	61.81	53.42	67.64	61.60
7 个月	66.05	71.33	69.56	59.14	56.59	60.62	62.92	53.84	51.37	61.81	51.70	67.64	61.05
8 个月	66.05	71.33	67.80	59.14	56.59	60.62	62.44	53.84	51.37	62.27	51.70	68.18	60.94
9 个月	70.57	71.33	65.76	65.38	47.93	60.62	63.98	56.87	56.90	56.36	51.70	68.18	61.30
10 个月	62.94	69.05	65.76	68.18	57.95	60.78	60.78	50.66	45.50	61.62	51.70	68.18	60.26
11 个月	69.03	69.05	65.76	65.21	58.77	60.78	56.06	50.66	45.50	56.80	51.70	68.18	59.79
12 个月	63.55	70.52	65.76	65.21	54.52	56.09	56.06	50.42	45.50	47.05	51.70	71.12	58.13

表 6-11　使用前期径流和海温偶极因子考虑最长 24 个月影响滞后期的验证期预报精度（单位：%）

预见期	月份												平均
	1	2	3	4	5	6	7	8	9	10	11	12	
1 个月	68.62	86.64	57.94	72.27	54.51	64.65	52.26	53.75	57.19	63.52	53.78	86.32	64.29
2 个月	68.62	70.15	65.59	68.01	54.51	64.65	52.26	53.75	51.37	63.52	53.78	74.77	61.75
3 个月	68.62	70.15	65.59	68.01	54.51	64.65	58.96	53.75	51.37	66.16	53.78	70.53	62.17
4 个月	70.66	70.15	58.25	68.01	47.59	64.65	60.53	53.75	51.37	66.16	53.78	70.53	61.29
5 个月	70.66	69.93	64.86	67.55	47.40	63.05	60.53	53.75	51.37	66.16	51.70	70.53	61.46
6 个月	70.66	69.93	64.86	67.23	47.40	51.00	60.53	53.75	51.37	66.16	51.70	70.53	60.43
7 个月	70.66	72.10	63.01	67.23	47.40	51.00	60.53	53.75	51.37	66.16	51.70	70.53	60.45
8 个月	70.66	68.65	69.16	67.23	47.40	51.00	60.53	53.75	51.37	51.45	51.70	70.53	59.45
9 个月	70.66	68.65	69.16	66.98	49.53	51.00	58.52	50.42	56.90	51.45	51.70	70.53	59.63
10 个月	70.66	66.43	69.16	68.03	49.53	51.00	58.52	51.74	52.08	51.45	51.70	70.53	59.24
11 个月	70.66	66.43	69.16	68.03	49.53	51.00	58.52	51.74	52.08	51.45	51.70	70.53	59.24
12 个月	63.34	66.88	69.16	68.03	49.53	51.00	58.52	51.74	52.08	51.45	51.70	62.93	58.03

表 6-12　使用大气环流因子和海温偶极因子考虑最长 12 个月影响滞后期的验证期预报精度（单位：%）

预见期	月份												平均
	1	2	3	4	5	6	7	8	9	10	11	12	
1 个月	68.62	71.33	70.41	72.27	46.54	68.07	57.30	60.19	63.20	62.46	45.66	67.70	62.81
2 个月	68.62	71.33	69.84	68.91	51.33	68.07	54.71	60.19	63.20	62.46	45.66	67.70	62.67
3 个月	68.62	71.33	63.24	68.91	51.33	68.07	54.71	60.19	63.20	64.40	45.66	67.70	62.28
4 个月	66.05	71.33	57.84	68.91	54.27	68.07	54.71	59.04	63.20	63.84	45.66	67.70	61.72
5 个月	66.05	71.33	64.11	67.55	51.56	64.65	56.40	59.04	51.37	63.84	54.52	68.58	61.58
6 个月	66.05	71.33	68.63	62.82	51.56	64.65	56.40	53.84	51.37	61.81	54.52	67.64	60.89
7 个月	66.05	71.33	60.33	64.02	51.44	60.62	56.40	53.84	51.37	61.81	50.69	67.64	59.63
8 个月	66.05	71.33	66.84	64.02	51.44	60.62	56.40	53.84	51.37	62.27	50.69	68.18	60.25
9 个月	70.57	71.33	65.76	63.84	46.95	60.62	62.45	59.20	56.90	55.52	50.69	68.18	61.00
10 个月	69.53	70.89	65.76	63.84	52.01	63.96	62.37	49.04	48.02	55.52	50.69	68.18	59.98
11 个月	69.03	69.46	65.76	66.50	47.93	63.96	55.37	49.04	48.02	55.52	50.69	68.18	59.12
12 个月	63.48	72.47	65.76	66.50	46.28	56.09	55.37	49.04	48.02	55.52	51.70	66.61	58.07

表 6-13　使用大气环流因子和海温偶极因子考虑最长 24 个月影响滞后期的验证期预报精度（单位：%）

预见期	月份												平均
	1	2	3	4	5	6	7	8	9	10	11	12	
1 个月	68.62	70.15	70.41	72.27	54.51	62.95	53.08	45.37	51.37	62.46	53.78	70.53	61.29
2 个月	68.62	70.15	69.84	68.01	54.51	62.95	54.71	45.37	51.37	62.46	53.78	70.53	61.03
3 个月	68.62	70.15	59.69	68.01	54.51	62.95	54.71	45.37	51.37	66.16	53.78	70.53	60.49
4 个月	70.66	70.15	58.25	66.49	47.59	62.95	60.53	45.37	51.37	66.16	53.78	70.53	60.32
5 个月	70.66	69.93	64.50	67.55	47.40	62.95	60.53	45.37	51.37	66.16	46.78	70.53	60.31
6 个月	70.66	69.93	67.56	66.73	47.40	51.00	60.53	45.37	51.37	66.16	50.69	70.53	59.83
7 个月	70.66	72.10	68.63	66.73	47.40	51.00	60.53	52.37	51.37	66.16	50.69	70.53	60.68
8 个月	70.66	68.65	68.63	66.73	47.40	51.00	60.53	52.37	51.37	51.45	50.69	70.53	59.17
9 个月	70.66	68.65	68.63	66.73	48.90	51.00	56.32	52.37	56.90	51.45	50.69	70.53	59.40
10 个月	70.66	66.75	68.63	68.03	48.90	51.00	56.32	51.74	43.39	51.45	50.69	70.53	58.17
11 个月	70.66	66.75	68.63	68.03	48.90	51.00	56.32	51.74	43.39	51.45	50.69	70.53	58.17
12 个月	62.69	66.88	68.63	68.03	48.90	51.00	56.32	51.74	43.39	51.45	51.70	62.93	56.97

表 6-14　使用三种因子考虑最长 12 个月影响滞后期的验证期预报精度　　（单位：%）

预见期	月份												平均
	1	2	3	4	5	6	7	8	9	10	11	12	
1 个月	68.62	86.64	70.41	72.27	46.54	68.07	57.30	60.19	71.74	62.46	45.66	86.32	66.35
2 个月	68.62	71.33	69.84	68.91	51.33	68.07	54.71	60.19	63.20	62.46	45.66	74.77	63.26
3 个月	68.62	71.33	63.24	68.91	51.33	68.07	54.71	60.19	63.20	64.40	45.66	67.70	62.28
4 个月	66.05	71.33	57.84	68.91	54.27	68.07	54.71	59.04	63.20	63.84	45.66	67.70	61.72
5 个月	66.05	71.33	64.11	67.55	51.56	64.65	56.40	59.04	51.37	63.84	54.52	68.58	61.58
6 个月	66.05	71.33	68.63	62.82	51.56	64.65	56.40	53.84	51.37	61.81	54.52	67.64	60.89
7 个月	66.05	71.33	60.33	64.02	51.44	60.62	56.40	53.84	51.37	61.81	50.69	67.64	59.63
8 个月	66.05	71.33	66.84	64.02	51.44	60.62	56.40	53.84	51.37	62.27	50.69	68.18	60.25
9 个月	70.57	71.33	65.76	63.84	46.95	60.62	62.45	59.20	56.90	55.52	50.69	68.18	61.00
10 个月	69.53	70.89	65.76	63.84	52.01	63.96	62.37	49.04	48.02	55.52	50.69	68.18	59.98
11 个月	69.03	69.46	65.76	66.50	47.93	63.96	55.37	49.04	48.02	55.52	50.69	68.18	59.12
12 个月	63.48	72.47	65.76	66.50	46.28	56.09	55.37	49.04	48.02	55.52	51.70	66.61	58.07

表 6-15　使用三种因子考虑最长 24 个月影响滞后期的验证期预报精度　　（单位：%）

预见期	月份												平均
	1	2	3	4	5	6	7	8	9	10	11	12	
1 个月	68.62	86.64	70.41	72.27	54.51	62.95	53.08	45.37	57.19	62.46	53.78	86.32	64.47
2 个月	68.62	70.15	69.84	68.01	54.51	62.95	54.71	45.37	51.37	62.46	53.78	74.77	61.38
3 个月	68.62	70.15	59.69	68.01	54.51	62.95	54.71	45.37	51.37	66.16	53.78	70.53	60.49
4 个月	70.66	70.15	58.25	66.49	47.59	62.95	60.53	45.37	51.37	66.16	53.78	70.53	60.32
5 个月	70.66	69.93	64.50	67.55	47.40	62.95	60.53	45.37	51.37	66.16	46.78	70.53	60.31
6 个月	70.66	69.93	67.56	66.73	47.40	51.00	60.53	45.37	51.37	66.16	50.69	70.53	59.83
7 个月	70.66	72.10	68.63	66.73	47.40	51.00	60.53	52.37	51.37	66.16	50.69	70.53	60.68
8 个月	70.66	68.65	68.63	66.73	47.40	51.00	60.53	52.37	51.37	51.45	50.69	70.53	59.17
9 个月	70.66	68.65	68.63	66.73	48.90	51.00	56.32	52.37	56.90	51.45	50.69	70.53	59.40
10 个月	70.66	66.75	68.63	68.03	48.90	51.00	56.32	51.74	43.39	51.45	50.69	70.53	58.17
11 个月	70.66	66.75	68.63	68.03	48.90	51.00	56.32	51.74	43.39	51.45	50.69	70.53	58.17
12 个月	63.34	66.88	68.63	68.03	48.90	51.00	56.32	51.74	43.39	51.45	51.70	62.93	57.03

图 6-1 和图 6-2 分别展示了考虑最长 12 个月或 24 个月影响滞后期时，各种因子选择方案验证期预报精度的年内平均结果。由图 6-1、图 6-2 可知，若考虑 12 个月影响滞后期，预见期为 1~3 个月时选用大气环流因子和前期径流作为预报因子，验证期预报精度更高，率定期的修正复相关系数都在 0.80 以上；预见期为 4~12 个月时，仅将海温偶极因子作为预报因子在验证期预报精度更高，但是有些月份率定期的修正复相关系数略低于 0.8，加入前期径流对预报精度的提升效果很小。若考虑 24 个月影响滞后期，预见期为 1~2 个月时选用大气环流因子和前期径流作为预报因子，验证期预报精度更高，率定期的修正复相关系数都在 0.80 以上；预见期为 3~12 个月时，仅将海温偶极因子作为预报因子在验证期预报精度更高，且修正复相关系数基本在 0.8 以上。比较 12 个月和 24 个月影响滞后期的结果发现，考虑 12 个月影响滞后期时验证期预报精度更高，考虑 24 个月影响滞后期时率定期拟合效果更好。

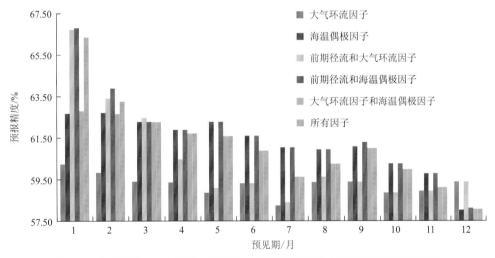

图 6-1　考虑最长 12 个月影响滞后期时各种因子选择方案验证期的预报精度

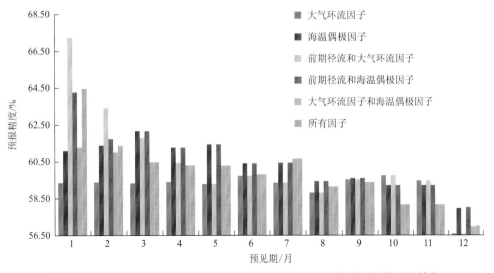

图 6-2　考虑最长 24 个月影响滞后期的各种因子选择方案验证期的预报精度

综合以上结果发现，只选用一种因子作为预报因子相较于选用多种因子作为预报因子，率定期的拟合效果和验证期的预报精度均较差。综合 1～12 个月预见期的预报精度发现，三种因子中，仅将海温偶极因子作为预报因子的预报精度较高。

前期径流不能单独用来预报，但它的加入能提高大气环流因子或海温偶极因子单独使用时的预报精度，主要体现在较短预见期部分。加入前期径流，能在预见期 1～4 个月显著提高仅使用大气环流因子时的径流预报效果（如考虑 24 个月影响滞后期时在 1 个月预见期能将预报精度提升 7.89%），对于预见期 5～12 个月，则几乎无提升效果。同样，加入前期径流也能提高仅使用海温偶极因子时的径流预报效果，但只在某些预见期，预报精度提升最多为 4.13%。

含有海温偶极因子的预报因子组合，在预见期较长时预报效果较优。考虑最长 12 个月影响滞后期，仅含有海温偶极因子或海温偶极因子与前期径流的组合时，在预见期 4～12 个月预报精度最优；考虑最长 24 个月影响滞后期时，则为在预见期 3～12 个月预报精度最优。三个因子都考虑时，在各预见期的预报效果并不是最好，这可能是由过拟合导致的。

2. 作业预报结果

根据构建的多元线性回归模型，从前一年的 12 月底发起对下一年全年的作业预报。图 6-3～图 6-12 展示了考虑最长 12 个月影响滞后期的 2011～2020 年作业预报结果，并统计了多个方案的年平均作业预报精度（表 6-16）。

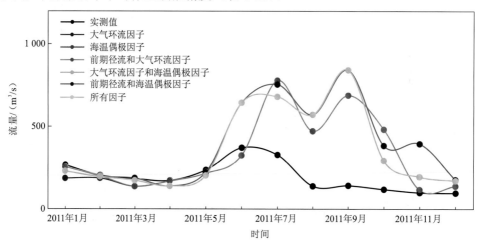

图 6-3　考虑最长 12 个月影响滞后期的 2010 年 12 月发起的作业预报结果

根据作业预报结果，以上多元线性回归模型对实测月径流过程线为单峰的年份的预报精度最高，如 2013 年和 2015 年。多元线性回归模型对实测月径流过程线为双峰的年份的预报精度同样很高，如 2017 年、2018 年和 2019 年预报效果好，2014 年预报效果较好，但未成功预报第二个峰值。多元线性回归模型对 2011 年、2016 年和 2020 年此类汛期流量过低的年份的预报精度较差，预报结果往往高估汛期径流。2012 年汛期预报效果好，但因 1～3 月实测枯期流量过低，全年平均预报精度低。

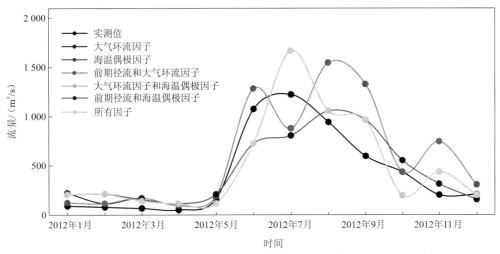

图 6-4　考虑最长 12 个月影响滞后期的 2011 年 12 月发起的作业预报结果

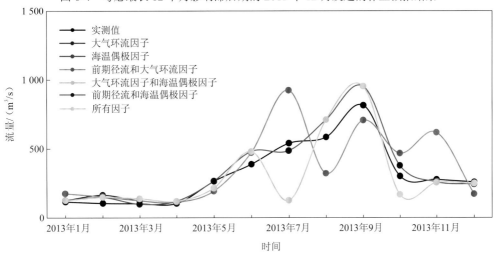

图 6-5　考虑最长 12 个月影响滞后期的 2012 年 12 月发起的作业预报结果

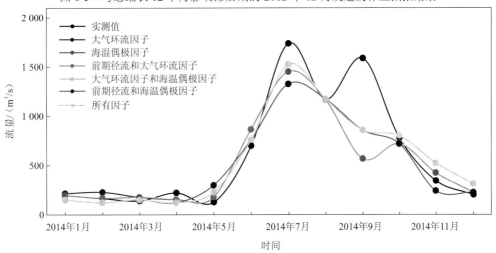

图 6-6　考虑最长 12 个月影响滞后期的 2013 年 12 月发起的作业预报结果

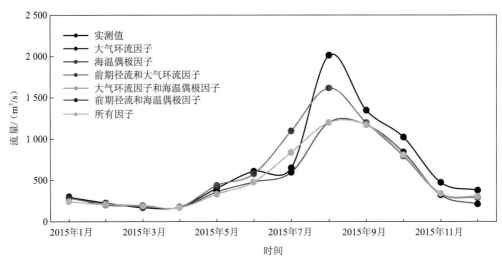

图 6-7　考虑最长 12 个月影响滞后期的 2014 年 12 月发起的作业预报结果

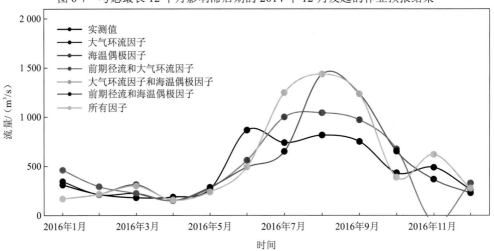

图 6-8　考虑最长 12 个月影响滞后期的 2015 年 12 月发起的作业预报结果

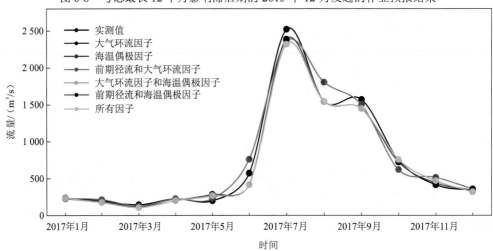

图 6-9　考虑最长 12 个月影响滞后期的 2016 年 12 月发起的作业预报结果

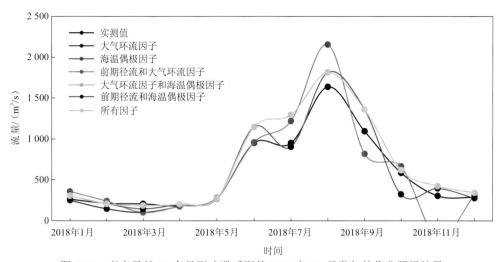

图 6-10 考虑最长 12 个月影响滞后期的 2017 年 12 月发起的作业预报结果

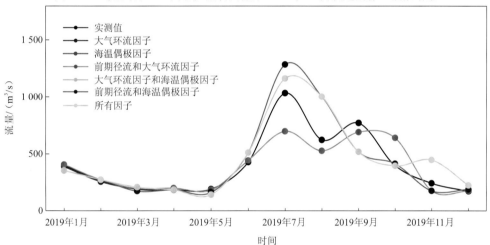

图 6-11 考虑最长 12 个月影响滞后期的 2018 年 12 月发起的作业预报结果

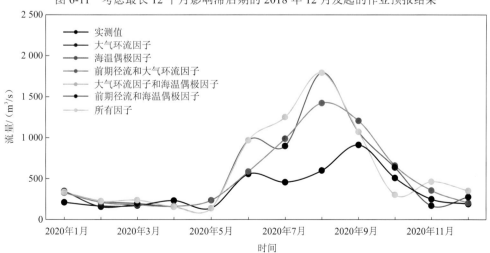

图 6-12 考虑最长 12 个月影响滞后期的 2019 年 12 月发起的作业预报结果

表 6-16　2011～2020 年各方案年平均作业预报精度　　　　（单位：%）

年份	考虑 12 个月影响滞后期						考虑 24 个月影响滞后期					
	大气环流因子	海温偶极因子	前期径流和大气环流因子	大气环流因子和海温偶极因子	前期径流和海温偶极因子	所有因子	大气环流因子	海温偶极因子	前期径流和大气环流因子	大气环流因子和海温偶极因子	前期径流和海温偶极因子	所有因子
2011	54.3	41.5	57.0	41.3	41.5	41.3	58.8	54.4	59.1	60.3	54.4	60.3
2012	40.3	43.7	45.5	39.2	43.7	39.2	38.5	36.6	46.1	34.1	36.6	34.1
2013	61.0	84.8	58.3	73.5	84.8	73.5	70.0	72.3	68.9	70.9	72.3	70.9
2014	75.2	72.8	79.1	70.0	72.8	70.0	65.3	64.2	66.9	63.8	64.2	63.8
2015	81.9	81.0	82.2	80.9	81.0	80.9	78.1	81.8	78.9	83.8	81.8	83.8
2016	68.1	64.2	61.8	63.7	64.2	63.7	82.1	69.4	76.4	67.5	69.4	67.5
2017	87.9	88.9	87.5	88.1	88.9	88.1	85.4	87.5	87.2	89.7	87.5	89.7
2018	69.0	83.3	68.0	83.4	83.3	83.4	69.7	80.9	66.2	79.7	80.9	79.7
2019	85.5	81.9	85.5	75.6	81.9	75.6	79.4	84.7	80.6	79.6	84.7	79.6
2020	58.9	55.4	57.8	43.9	55.4	43.9	59.1	51.3	57.9	47.8	51.3	47.8

6.2　基于机器学习的长期径流预报

本节基于机器学习开展长期径流预报，预见期为 1～12 个月。首先简要介绍对长期径流预报所选的因子及模型构建，然后展示该方法进行长期径流预报的结果。

6.2.1　径流预报因子筛选与模型构建

在使用机器学习进行月径流预报之前，首先要进行预报因子的优选。可选预报因子包括天一水库前期径流和中国气象局国家气候中心的 130 项环流指数（包括 88 项大气环流因子、26 项海温指数和 16 项其他指数）。

首先探讨前期径流的选取。图 6-13 和图 6-14 为天一水库月径流的自相关性与偏自相关性分析图，展示了自相关系数及偏自相关系数两项指标。由图 6-14 可知，当影响滞后期在 36 个月以后时，天一水库月径流的偏自相关系数均落在置信区间内，这表明考虑 36 个月的影响滞后期足够。当预见期为 1～12 个月时，对应的预报因子个数分别为 36 个至 25 个，具体如图 6-15 所示。天一水库月径流预报的率定期选取 1954 年 1 月～2003 年 12 月，验证期选取 2004 年 1 月～2020 年 12 月。天一水库已有实测径流资料为 1951 年 1 月～2020 年 12 月，序列长度为 840，依次标为 1～840 号。率定期长度为 50 年即

600 个月，验证期长度为 17 年即 204 个月。预见期 1～12 个月对应的率定期输出序列为 37～636 号，验证期输出序列为 637～840 号。预见期为 1～12 个月的每一个输出节点对应 36～25 个输入节点。以预见期 1 个月为例，影响滞后期为 36 个月，即预报月前 36 个月的径流对该月径流预报结果均有一定的影响，即 1～36 号预报 37 号，2～37 号预报 38 号，依次类推。相似地，预见期为 12 个月时，1～25 号预报 37 号，2～26 号预报 38 号，依次类推。其他预见期同理。

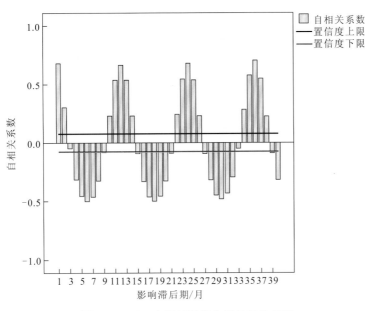

图 6-13　天一水库月径流自相关性分析图

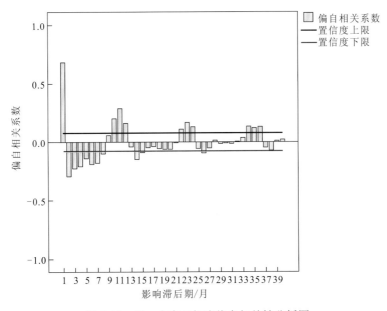

图 6-14　天一水库月径流偏自相关性分析图

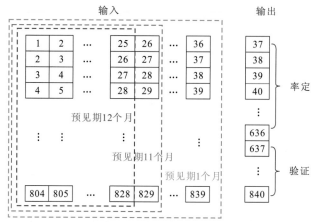

图 6-15　天一水库 1～12 个月预见期模型输入示意图

　　然后探讨 130 项环流指数的选取。考虑 36 个月的影响滞后期，采取最小绝对收缩与选择操作（least absolute shrinkage and selection operator，LASSO）回归法从 130 项环流指数中挑选合适的预报因子。LASSO 回归法可以高效地对预报因子进行筛选以降低模型的复杂程度。预见期为 1 个月时，待选因子为 36×130 个，预见期为 2 个月时，待选因子为 35×130 个，依次类推，预见期为 12 个月时，待选因子为 25×130 个。以预见期 1～6 个月为例，本节对预报因子的选取结果如表 6-17 所示。

表 6-17　预见期为 1～6 个月时选用的环流指数

预见期	相应预见期所选取的环流指数
1 个月	18 个月前的热带-北半球遥相关型指数；
	6 个月前的热带-北半球遥相关型指数；
	19 个月前的热带-北半球遥相关型指数
2 个月	6 个月前的北非副高脊线位置指数；
	18 个月前的热带-北半球遥相关型指数；
	6 个月前的热带-北半球遥相关型指数；
	19 个月前的热带-北半球遥相关型指数
3 个月	20 个月前的亚洲区极涡强度指数；
	6 个月前的北非副高脊线位置指数；
	18 个月前的热带-北半球遥相关型指数；
	6 个月前的热带-北半球遥相关型指数；
	19 个月前的热带-北半球遥相关型指数

续表

预见期	相应预见期所选取的环流指数
4 个月	18 个月前的热带-北半球遥相关型指数； 6 个月前的热带-北半球遥相关型指数； 19 个月前的热带-北半球遥相关型指数
5 个月	20 个月前的亚洲区极涡强度指数； 18 个月前的热带-北半球遥相关型指数； 6 个月前的热带-北半球遥相关型指数； 19 个月前的热带-北半球遥相关型指数
6 个月	20 个月前的亚洲区极涡强度指数； 6 个月前的北非副高脊线位置指数； 18 个月前的热带-北半球遥相关型指数； 6 个月前的热带-北半球遥相关型指数； 19 个月前的热带-北半球遥相关型指数

在完成预报因子优选后，下一步是模型构建。本节对每个预见期（1～12 个月）分别构建只考虑前期径流与考虑前期径流和环流指数两组机器学习模型，通过对比率定期预报效果，对各预见期下的 1～12 月分别进行模型优选（选取标准为相对水量误差较小）。在完成机器学习模型率定和验证的基础上，进一步对各预见期下的 1～12 月分别进行率定期一元线性回归，与未进行线性回归的结果进行对比，完成模型优选。

6.2.2　基于机器学习的长期径流预报结果

表 6-18 及表 6-19 分别展示了 DBN 在天一水库率定期和验证期进行预见期为 1～12 个月的径流预报时 1～12 月的精度。由表 6-18、表 6-19 可知，模型具有很强的稳健性，在率定期和验证期均表现出了良好的预报效果。由表 6-19 可知，预见期为 1 个月时，验证期的平均预报精度在 70%以上。预见期为 1～3 个月时，平均预报精度均在 65%以上。预见期为 1～12 个月时，模型对 6 月、8 月和 9 月的预报精度较低，对其他月份的预报精度良好。验证期预见期为 1～9 个月的平均预报精度超过 65%。图 6-16～图 6-24 展示了验证期各年 12 月发起的次年全年月径流预报结果图，表 6-20～表 6-28 则展示了相应的入库流量值及预报精度。分析可知，2016 年、2017 年、2018 年全年预报效果较好，其他年份在非汛期预报效果优于汛期。

表 6-18　率定期预见期为 1～12 个月的预报精度　　　　　（单位：%）

预见期	月份												平均
	1	2	3	4	5	6	7	8	9	10	11	12	
1 个月	83.7	83.3	83.7	80.5	58.6	62.8	69.2	68.9	64.1	74.8	73.3	82.2	73.8
2 个月	80.8	80.0	80.4	66.8	55.6	57.8	64.7	66.9	60.4	66.4	65.7	78.8	68.7
3 个月	78.6	78.4	80.2	73.2	55.2	59.3	65.5	67.0	60.4	72.7	65.5	74.8	69.2
4 个月	77.6	80.0	81.5	78.6	59.2	59.9	65.9	67.1	59.4	68.4	69.5	78.5	70.5
5 个月	76.5	78.2	72.4	78.3	57.0	62.2	65.2	62.8	63.3	69.6	69.1	76.7	69.3
6 个月	76.0	77.7	78.1	77.0	54.6	63.9	64.9	67.2	57.1	73.0	69.2	75.6	69.5
7 个月	75.9	77.9	76.8	59.8	53.0	60.6	67.1	67.2	62.4	71.7	68.4	71.4	67.7
8 个月	75.9	78.1	74.9	63.4	55.5	60.7	67.5	67.4	61.2	70.8	67.4	65.8	67.4
9 个月	76.1	78.5	77.9	71.6	53.1	59.7	67.2	66.6	61.3	74.4	69.0	68.7	68.7
10 个月	76.0	77.8	77.9	68.3	56.9	60.7	66.8	66.9	61.1	72.4	70.1	75.4	69.2
11 个月	76.1	77.7	78.7	78.4	57.3	60.8	65.0	67.3	58.9	72.4	68.1	74.2	69.6
12 个月	72.2	71.9	78.2	78.7	57.7	61.4	65.7	67.1	61.1	70.8	70.3	70.6	68.8

表 6-19　验证期预见期为 1～12 个月的预报精度　　　　　（单位：%）

预见期	月份												平均
	1	2	3	4	5	6	7	8	9	10	11	12	
1 个月	78.1	75.2	76.9	66.8	72.2	58.6	68.5	61.6	65.8	66.6	72.3	82.8	70.5
2 个月	76.2	72.5	75.0	70.1	72.0	55.0	64.5	56.6	60.4	64.8	66.4	76.5	67.5
3 个月	74.8	71.8	73.8	68.5	72.7	55.0	66.5	58.3	59.6	63.0	66.3	74.2	67.0
4 个月	73.2	73.5	73.7	65.9	73.4	56.1	66.2	56.1	56.8	61.1	66.5	75.3	66.5
5 个月	73.2	72.1	76.1	63.9	75.7	56.8	66.2	56.6	58.7	62.4	65.7	72.3	66.6
6 个月	72.1	70.7	77.4	66.6	75.4	57.1	65.6	56.4	58.8	63.2	65.5	73.9	66.9
7 个月	71.6	71.6	76.1	70.6	65.2	57.8	67.2	59.5	59.0	63.2	64.8	75.5	66.8
8 个月	71.7	71.6	76.1	71.3	70.1	55.2	66.1	55.8	58.0	61.8	65.0	71.6	66.2
9 个月	71.7	70.8	76.3	70.6	65.2	54.1	65.1	55.9	58.9	63.8	66.8	73.5	66.1
10 个月	72.2	71.3	76.1	71.4	70.1	56.7	66.5	56.0	58.4	61.1	66.9	74.8	66.8
11 个月	72.3	70.8	74.8	68.7	72.9	57.4	64.4	55.2	57.3	62.3	65.3	74.4	66.3
12 个月	72.2	71.9	74.3	68.5	70.0	56.8	65.3	54.6	58.9	61.5	65.7	72.2	66.0

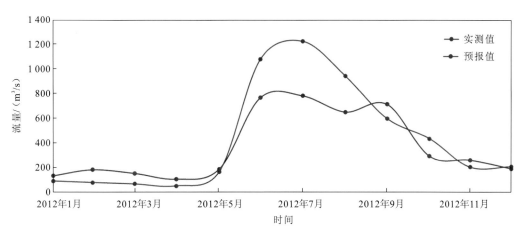

图 6-16　2011 年 12 月发起的 2012 年天一水库入库径流预报结果图

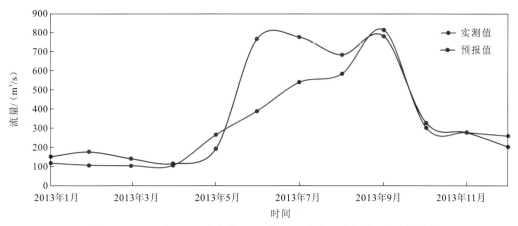

图 6-17　2012 年 12 月发起的 2013 年天一水库入库径流预报结果图

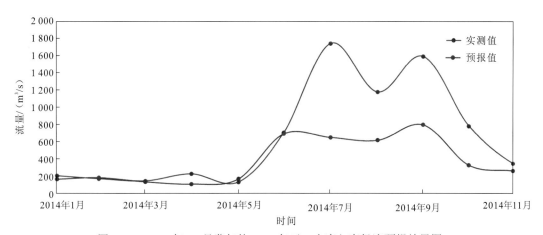

图 6-18　2013 年 12 月发起的 2014 年天一水库入库径流预报结果图

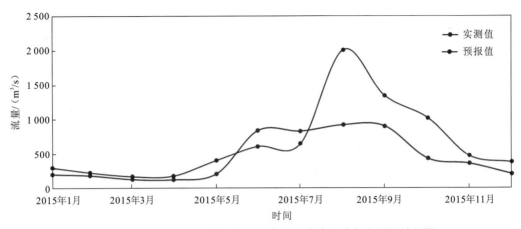

图 6-19　2014 年 12 月发起的 2015 年天一水库入库径流预报结果图

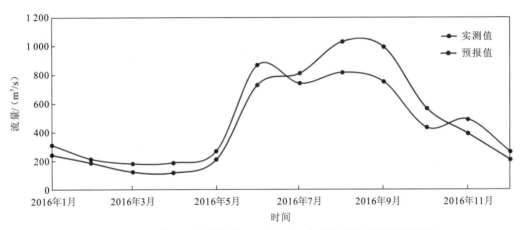

图 6-20　2015 年 12 月发起的 2016 年天一水库入库径流预报结果图

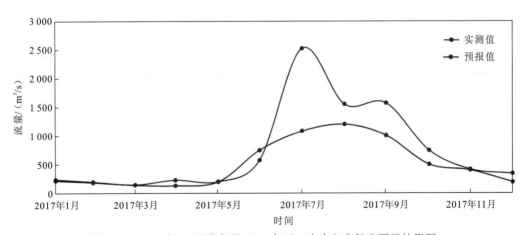

图 6-21　2016 年 12 月发起的 2017 年天一水库入库径流预报结果图

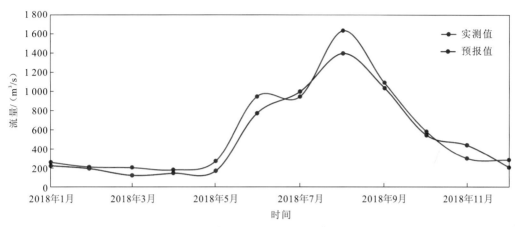

图 6-22　2017 年 12 月发起的 2018 年天一水库入库径流预报结果图

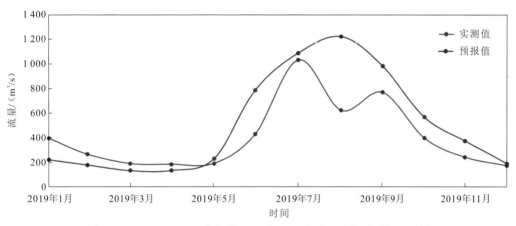

图 6-23　2018 年 12 月发起的 2019 年天一水库入库径流预报结果图

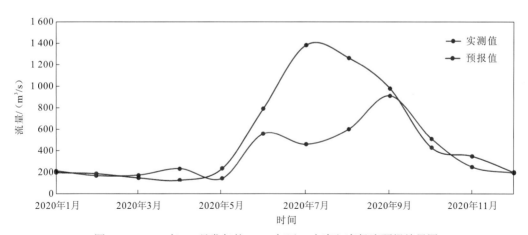

图 6-24　2019 年 12 月发起的 2020 年天一水库入库径流预报结果图

表 6-20 2011 年 12 月发起的 2012 年天一水库入库径流预报结果表

指标	月份												平均
	1	2	3	4	5	6	7	8	9	10	11	12	
实测入库流量/（m³/s）	91	79	67	52	165	1 076	1 221	942	596	434	203	208	
预报入库流量/（m³/s）	134	182	153	106	187	764	779	649	712	293	261	190	
预报精度/%	52.7	0.0	0.0	0.0	86.7	71.0	63.8	68.9	80.5	67.5	71.4	91.3	54.5

表 6-21 2012 年 12 月发起的 2013 年天一水库入库径流预报结果表

指标	月份												平均
	1	2	3	4	5	6	7	8	9	10	11	12	
实测入库流量/（m³/s）	115	105	103	104	264	388	539	584	813	300	276	258	
预报入库流量/（m³/s）	150	175	139	114	191	766	776	683	780	327	276	202	
预报精度/%	69.6	33.3	65.0	90.4	72.3	2.6	56.0	83.0	95.9	91.0	100.0	78.3	69.8

表 6-22 2013 年 12 月发起的 2014 年天一水库入库径流预报结果表

指标	月份												平均
	1	2	3	4	5	6	7	8	9	10	11	12	
实测入库流量/（m³/s）	200	166	141	222	127	701	1 738	1 173	1 588	779	343	202	
预报入库流量/（m³/s）	160	179	130	104	164	688	647	613	794	323	258	176	
预报精度/%	80.0	92.2	92.2	46.8	70.9	98.1	37.2	52.3	50.0	41.5	75.2	87.1	68.6

表 6-23 2014 年 12 月发起的 2015 年天一水库入库径流预报结果表

指标	月份												平均
	1	2	3	4	5	6	7	8	9	10	11	12	
实测入库流量/（m³/s）	297	226	170	177	403	609	648	2 011	1 345	1 020	473	379	
预报入库流量/（m³/s）	198	180	126	121	206	835	827	918	900	428	356	205	
预报精度/%	66.7	79.6	74.1	68.4	51.1	62.9	72.4	45.6	66.9	42.0	75.3	54.1	63.3

表 6-24 2015 年 12 月发起的 2016 年天一水库入库径流预报结果表

指标	月份												平均
	1	2	3	4	5	6	7	8	9	10	11	12	
实测入库流量/（m³/s）	310	213	180	187	268	867	740	816	751	432	488	264	
预报入库流量/（m³/s）	241	186	123	118	210	729	809	1 029	991	564	390	208	
预报精度/%	77.7	87.3	68.3	63.1	78.4	84.1	90.7	73.9	68.0	69.4	79.9	78.8	76.6

表 6-25　2016 年 12 月发起的 2017 年天一水库入库径流预报结果表

指标	月份												平均
	1	2	3	4	5	6	7	8	9	10	11	12	
实测入库流量/(m³/s)	237	196	144	226	199	573	2 521	1 547	1 570	745	413	338	
预报入库流量/(m³/s)	218	185	141	130	198	747	1 079	1 200	1 004	500	399	191	
预报精度/%	92.0	94.4	97.9	57.5	99.5	69.6	42.8	77.6	63.9	67.1	96.6	56.5	76.3

表 6-26　2017 年 12 月发起的 2018 年天一水库入库径流预报结果表

指标	月份												平均
	1	2	3	4	5	6	7	8	9	10	11	12	
实测入库流量/(m³/s)	264	213	206	183	277	951	950	1 638	1 094	586	304	287	
预报入库流量/(m³/s)	225	195	125	147	173	774	999	1 399	1 038	547	440	210	
预报精度/%	85.2	91.5	60.7	80.3	62.5	81.4	94.8	85.4	94.9	93.3	55.3	73.2	79.9

表 6-27　2018 年 12 月发起的 2019 年天一水库入库径流预报结果表

指标	月份												平均
	1	2	3	4	5	6	7	8	9	10	11	12	
实测入库流量/(m³/s)	397	265	189	184	190	428	1 034	623	771	398	242	172	
预报入库流量/(m³/s)	220	177	132	133	228	787	1 090	1 224	984	567	374	190	
预报精度/%	55.4	66.8	69.8	72.3	80.0	16.1	94.6	3.5	72.4	57.5	45.5	89.5	60.3

表 6-28　2019 年 12 月发起的 2020 年天一水库入库径流预报结果表

指标	月份												平均
	1	2	3	4	5	6	7	8	9	10	11	12	
实测入库流量/(m³/s)	211	166	172	232	141	557	458	600	911	510	248	192	
预报入库流量/(m³/s)	194	185	146	124	233	790	1 383	1 263	978	427	348	197	
预报精度/%	91.9	88.6	84.9	53.4	34.8	58.2	0.0	0.0	92.6	83.7	59.7	97.4	62.1

表 6-29 展示了天一水库入库径流预报的年平均精度,表中的每一列对应发起点的月份,每一行对应发起点的年份。表 6-29 中的每一个值代表以该点为发起时间,进行次年径流预报(即预见期 1~12 个月的径流总量)的精度。以表 6-29 中第一行最后一列的值为例,该值代表以 2003 年 12 月为发起点,对 2004 年的年径流进行预报,精度为 81.8%。从 2003 年 12 月到 2019 年 12 月,193 个发起点的径流预报年平均精度为 73.3%。

表 6-29　天一水库入库径流预报年平均精度表　　　　（单位：%）

年份	发起月份											
	1	2	3	4	5	6	7	8	9	10	11	12
2003												81.8
2004	83.6	77.9	77.1	80.3	76.1	90.7	88.2	85.9	86.7	94.8	99.7	96.8
2005	99.2	97.3	99.8	99.3	97.0	98.4	92.9	93.4	96.8	92.4	88.3	92.6
2006	90.4	88.3	86.4	85.6	86.8	97.3	99.6	80.2	66.5	71.5	69.4	73.5
2007	72.9	71.1	69.5	67.7	65.1	64.4	67.6	76.9	80.1	82.3	75.7	76.4
2008	74.3	71.6	72.4	71.6	78.9	86.7	92.5	93.4	88.2	80.0	69.1	61.9
2009	61.0	57.0	55.2	50.2	40.3	33.9	32.5	34.2	44.3	61.7	71.3	73.8
2010	77.6	78.0	80.6	83.8	89.3	90.2	68.4	45.9	41.6	14.6	5.3	0.0
2011	0.0	0.0	0.0	0.0	0.0	0.0	61.6	96.0	84.6	79.4	78.0	85.9
2012	81.1	79.4	76.7	73.7	70.0	92.5	85.1	76.0	92.7	87.6	91.6	81.0
2013	88.2	94.0	95.7	97.1	99.6	96.7	75.7	67.2	56.9	52.7	52.1	57.4
2014	54.2	50.6	49.9	50.9	48.6	56.4	76.1	69.3	71.0	70.5	66.3	68.3
2015	66.7	65.2	63.3	62.4	65.6	65.2	60.7	86.2	88.5	97.4	95.8	98.5
2016	96.6	99.8	96.1	97.5	95.5	82.2	83.9	80.7	73.5	72.9	68.4	68.8
2017	71.1	72.4	72.3	68.1	71.3	64.4	89.5	90.6	92.3	92.4	87.3	90.2
2018	88.2	88.3	88.2	88.0	90.4	97.2	95.2	79.2	79.0	74.1	80.9	75.2
2019	72.0	69.3	75.1	70.3	67.6	71.6	45.5	45.2	49.1	50.4	58.5	57.5

6.3　基于两参数月水量平衡模型的长期径流预报

6.3.1　两参数月水量平衡模型介绍

两参数月水量平衡模型主要用来模拟和预报不同气候条件下流域的月径流量。相较于日径流过程，月径流过程概化掉了存在于较短时间尺度的一些随机不确定性因素。武汉大学熊立华和郭生练教授根据南方湿润地区月降雨、蒸发与径流的相互关系，提出了一种结构简单、物理意义明确的两参数月水量平衡模型（熊立华 等，1996）。该模型只需要对蒸发折算与出流指标两个参数进行率定，因此率定过程较为简单、稳定，在较多研究中被证明其精度较高，可靠性强。两参数月水量平衡模型采用实际蒸发量计算流域现有降水主要折损，实际蒸发量的计算主要基于蒸发皿观测的近似潜在蒸发量，具体公式如下：

$$E(t) = C \times \mathrm{EP}(t) \times \tanh[P(t) / \mathrm{EP}(t)] \tag{6-5}$$

式中：$E(t)$ 为 t 时刻实际蒸发量；C 为模型第一个参数，反映蒸发的实际变化情况；$\mathrm{EP}(t)$ 为 t 时刻潜在蒸发量（蒸发皿蒸发）；$P(t)$ 为 t 时刻实测降水量。

该模型中，假设径流量与土壤含水量存在直接关系，土壤含水量越高，产流量越大。将该关系看作流域整体变化，模型将径流量看作土壤含水量的双曲正切函数：

$$Q(t) = S(t) \times \tanh[S(t) / \mathrm{SC}] \tag{6-6}$$

$$S(t) = S(t-1) + P(t) - E(t) - Q(t) \tag{6-7}$$

式中：$Q(t)$ 为 t 时刻月径流量；$S(t)$ 为 t 时刻土壤净含水量；SC 为第二个假定参数，物理意义为流域最大蓄水能力。

6.3.2　两参数月水量平衡模型的率定与验证

使用 SCE-UA 优化算法自动优选两参数月水量平衡模型的参数，优选准则为天一水库入库径流模拟的纳什效率系数 NSE 较大。率定所需数据包括实测降水、实测蒸发和天一水库入库实测径流。对于实测降水，融合了电厂站网和中国气象局站网降水数据；对于实测蒸发，基于中国气象局站网气温数据采用 Oudin 公式计算得到；对于实测径流，采用电厂提供的日尺度整编数据。具体来说，使用 2007～2019 年的月气象数据和径流数据，将前三年作为模型的预热期，采用交叉验证方法检验模型效果，即奇数年用于率定，偶数年用于验证。

2010 年 1 月～2019 年 12 月天一水库入库实测和模拟径流过程如图 6-25 所示，可以发现率定期和验证期天一水库入库模拟月径流过程和实测基本一致，模型具有较高精度。水文模型在率定期与验证期的纳什效率系数 NSE、水量误差 VE 和皮尔逊相关系数 R 如表 6-30 所示。率定期和验证期结果中，两参数月水量平衡模型在天一流域入库径流上取得了较好的模拟效果，率定期和验证期的 NSE 均大于 0.8，VE 均在 ±5% 之内，R 均在 0.9 以上。

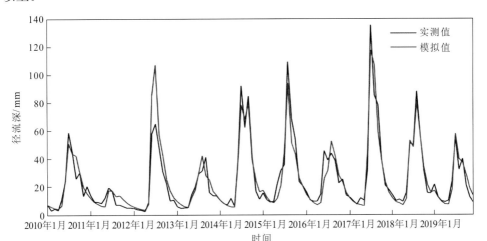

图 6-25　模型率定期（奇数年）和验证期（偶数年）天一水库入库实测和模拟径流过程

表 6-30　两参数月水量平衡模型率定期和验证期结果

指标	率定期			验证期		
	NSE	VE/%	R	NSE	VE/%	R
值	0.91	0.23	0.95	0.84	−3.72	0.93

6.3.3　基于两参数月水量平衡模型的长期径流预报结果

在两参数月水量平衡模型率定的基础上，以第 2 章所推荐的月尺度长期气象预报数据为模型输入，开展发起时间为 2011 年 1 月～2019 年 12 月，预见期为 1～10 个月的长期径流预报。表 6-31 展示了两参数月水量平衡模型在天一水库进行预见期为 1～10 个月的径流预报时在 1～12 月的精度。由表 6-31 可知，模型具有较强的稳健性，表现出了良好的预报效果，预见期为 1 个月时，平均预报精度为 69.7%。预见期为 1～10 个月时，模型对 7 月、8 月、9 月和 11 月的预报精度较低，对其他月份的预报精度良好。图 6-26～图 6-34 展示了验证期各年 1 月发起的当年 1～10 月的径流预报结果，表 6-32～表 6-40 则展示了相应的入库流量值及预报精度。分析可知，2014 年、2015 年、2016 年、2017 年、2018 年的 1～10 月预报效果较好，且非汛期的预报效果优于汛期。

表 6-31　基于两参数月水量平衡模型的长期径流预报在预见期为 1～10 个月的精度（单位：%）

预见期	月份												平均
	1	2	3	4	5	6	7	8	9	10	11	12	
1 个月	74.4	87.0	88.2	73.5	65.5	60.7	62.2	55.8	69.1	65.9	54.3	79.9	69.7
2 个月	75.5	80.7	87.6	74.5	61.7	64.6	50.9	65.9	51.8	62.9	57.5	76.0	67.5
3 个月	68.5	82.5	78.1	76.4	70.1	58.0	52.9	31.5	54.9	64.6	55.6	71.4	63.7
4 个月	67.1	74.2	81.4	63.7	50.5	63.5	60.9	36.2	56.2	59.2	58.5	74.7	62.2
5 个月	66.6	71.9	79.4	64.8	70.3	62.9	50.7	59.1	52.0	53.3	63.4	56.2	62.6
6 个月	56.6	73.8	79.5	59.6	59.9	56.6	50.4	47.1	63.0	46.0	38.8	64.7	58.0
7 个月	58.2	61.0	76.9	68.1	48.0	70.2	55.1	52.3	60.2	73.7	56.5	57.9	61.5
8 个月	64.4	64.0	61.6	57.2	64.1	47.5	74.6	47.9	57.4	57.5	67.8	68.2	61.0
9 个月	54.9	71.4	67.5	58.1	60.2	59.8	40.0	50.3	70.5	67.4	58.0	68.3	60.5
10 个月	65.0	61.2	71.1	53.3	63.1	65.0	61.1	56.6	56.4	66.2	69.7	63.1	62.7

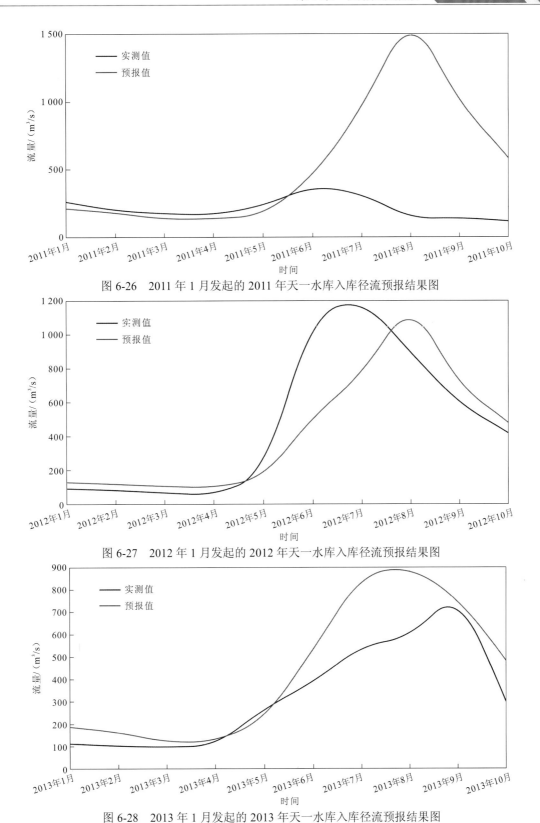

图 6-26　2011 年 1 月发起的 2011 年天一水库入库径流预报结果图

图 6-27　2012 年 1 月发起的 2012 年天一水库入库径流预报结果图

图 6-28　2013 年 1 月发起的 2013 年天一水库入库径流预报结果图

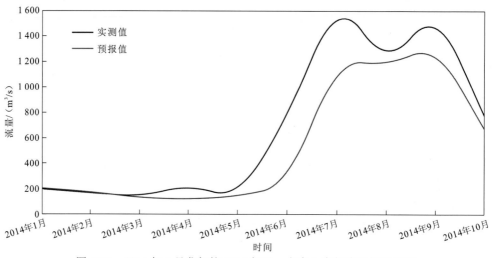

图 6-29　2014 年 1 月发起的 2014 年天一水库入库径流预报结果图

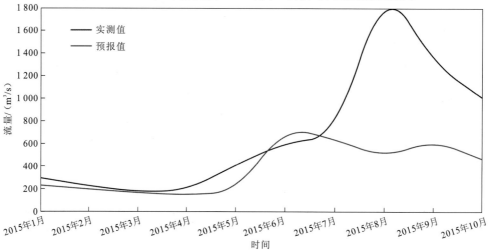

图 6-30　2015 年 1 月发起的 2015 年天一水库入库径流预报结果图

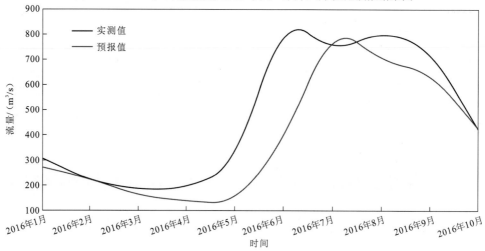

图 6-31　2016 年 1 月发起的 2016 年天一水库入库径流预报结果图

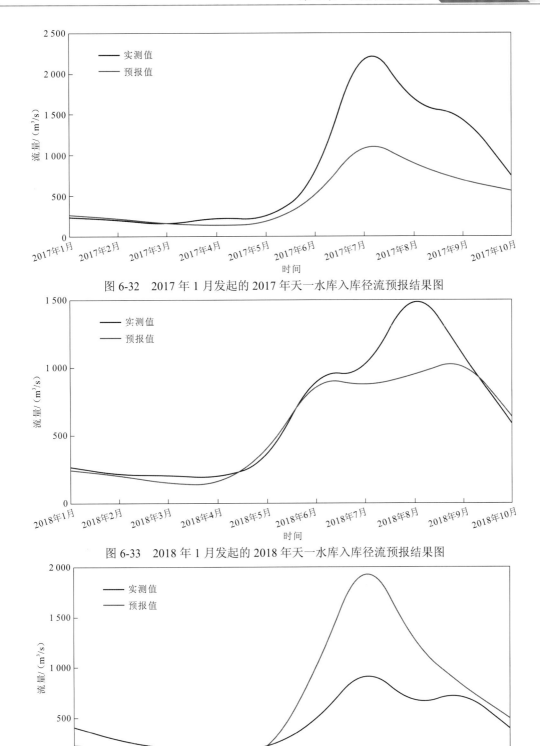

图 6-32　2017 年 1 月发起的 2017 年天一水库入库径流预报结果图

图 6-33　2018 年 1 月发起的 2018 年天一水库入库径流预报结果图

图 6-34　2019 年 1 月发起的 2019 年天一水库入库径流预报结果图

表 6-32　2011 年 1 月发起的 2011 年天一水库入库径流预报结果表

指标	月份										平均
	1	2	3	4	5	6	7	8	9	10	
实测入库流量/(m³/s)	260	197	174	165	230	376	320	135	142	117	
预报入库流量/(m³/s)	212	180	134	136	159	443	940	1 663	987	582	
预报精度/%	81.5	91.4	77.0	82.4	69.1	82.2	0.0	0.0	0.0	0.0	48.4

表 6-33　2012 年 1 月发起的 2012 年天一水库入库径流预报结果表

指标	月份										平均
	1	2	3	4	5	6	7	8	9	10	
实测入库流量/(m³/s)	91	81	66	52	169	1 117	1 210	893	587	416	
预报入库流量/(m³/s)	128	117	105	96	152	515	762	1 204	693	478	
预报精度/%	59.3	55.6	40.9	15.4	89.9	46.1	63.0	65.2	81.9	85.1	60.2

表 6-34　2013 年 1 月发起的 2013 年天一水库入库径流预报结果表

指标	月份										平均
	1	2	3	4	5	6	7	8	9	10	
实测入库流量/(m³/s)	112	101	96	103	268	386	548	586	792	297	
预报入库流量/(m³/s)	187	164	119	121	219	530	867	902	762	483	
预报精度/%	33.0	37.6	76.0	82.5	81.7	62.7	41.8	46.1	96.2	37.4	59.5

表 6-35　2014 年 1 月发起的 2014 年天一水库入库径流预报结果表

指标	月份										平均
	1	2	3	4	5	6	7	8	9	10	
实测入库流量/(m³/s)	194	165	135	227	120	756	1 713	1 161	1 626	773	
预报入库流量/(m³/s)	200	172	126	114	138	223	1 213	1 172	1 331	668	
预报精度/%	96.9	95.8	93.3	50.2	85.0	29.5	70.8	99.1	81.9	86.4	78.9

表 6-36　2015 年 1 月发起的 2015 年天一水库入库径流预报结果表

指标	月份										平均
	1	2	3	4	5	6	7	8	9	10	
实测入库流量/(m³/s)	293	224	172	185	411	609	665	2 029	1 314	1 008	
预报入库流量/(m³/s)	228	195	163	144	173	746	639	482	634	465	
预报精度/%	77.8	87.1	94.8	77.8	42.1	77.5	96.1	23.8	48.2	46.1	67.1

表 6-37　2016 年 1 月发起的 2016 年天一水库入库径流预报结果表

指标	月份										平均
	1	2	3	4	5	6	7	8	9	10	
实测入库流量/（m³/s）	306	217	181	187	274	880	728	817	744	422	
预报入库流量/（m³/s）	270	225	157	137	125	374	841	692	652	425	
预报精度/%	88.2	96.3	86.7	73.3	45.6	42.5	84.5	84.7	87.6	99.3	78.9

表 6-38　2017 年 1 月发起的 2017 年天一水库入库径流预报结果表

指标	月份										平均
	1	2	3	4	5	6	7	8	9	10	
实测入库流量/（m³/s）	231	200	138	231	194	613	2 515	1 584	1 512	740	
预报入库流量/（m³/s）	258	214	151	128	145	452	1 210	876	673	551	
预报精度/%	88.3	93.0	90.6	55.4	74.7	73.7	48.1	55.3	44.5	74.5	69.8

表 6-39　2018 年 1 月发起的 2018 年天一水库入库径流预报结果表

指标	月份										平均
	1	2	3	4	5	6	7	8	9	10	
实测入库流量/（m³/s）	265	208	205	182	294	982	927	1 639	1 078	585	
预报入库流量/（m³/s）	241	202	144	129	365	932	855	943	1 071	634	
预报精度/%	90.9	97.1	70.2	70.9	75.9	94.9	92.2	57.5	99.4	91.6	84.1

表 6-40　2019 年 1 月发起的 2019 年天一水库入库径流预报结果表

指标	月份										平均
	1	2	3	4	5	6	7	8	9	10	
实测入库流量/（m³/s）	403	261	185	177	189	459	1 027	602	771	391	
预报入库流量/（m³/s）	221	187	135	117	128	966	2 195	1 212	811	491	
预报精度/%	54.8	71.6	73.0	66.1	67.7	0.0	0.0	0.0	94.8	74.4	50.2

6.4　长期径流概率预报

　　长期径流概率预报采用的方法和中期径流概率预报相同，故在此不再赘述，这里直接展示长期径流概率预报的结果。由于基于不同模型的长期径流预报结果具有一定的差异，因此本节同样采用 BMA 方法对三种长期径流预报结果进行加权以获取更为可靠的预报结果。同时，通过该方法获取概率预报区间。基于三种长期径流预报结果，开展了从 2011 年 1 月到 2019 年 12 月逐月发起的预见期长达 10 个月的长期径流预报。图 6-35～

图 6-43 展示了各年 1 月发起的当年 2～10 月的径流预报结果，表 6-41～表 6-49 则展示了相应的入库流量值及预报精度。由表 6-41～表 6-49 可知，BMA 方法具有较强的稳健性，表现出了良好的预报效果。除 2011 年以外，其余年份 2～10 月 BMA 方法集合平均预报效果均较好，预报精度均大于 60%。此外，非汛期预报效果在一定程度上优于汛期。

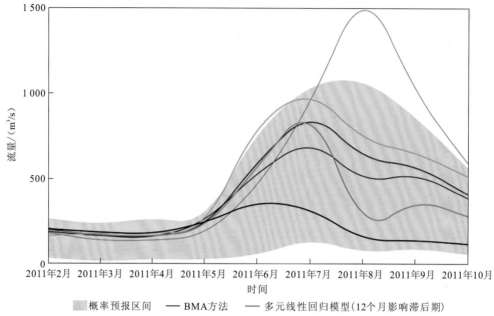

图 6-35　2011 年 1 月发起的 2011 年 2～10 月天一水库入库径流概率预报结果图

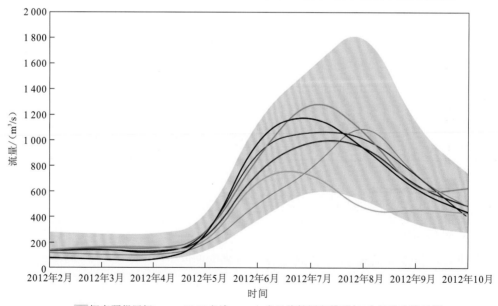

图 6-36　2012 年 1 月发起的 2012 年 2～10 月天一水库入库径流概率预报结果图

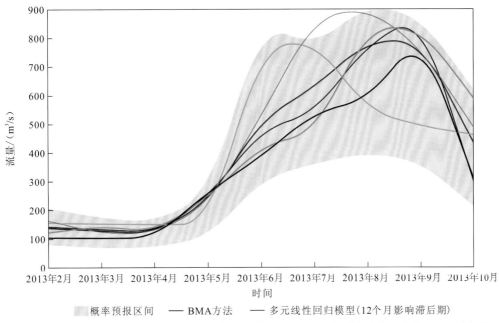

图 6-37　2013 年 1 月发起的 2013 年 2～10 月天一水库入库径流概率预报结果图

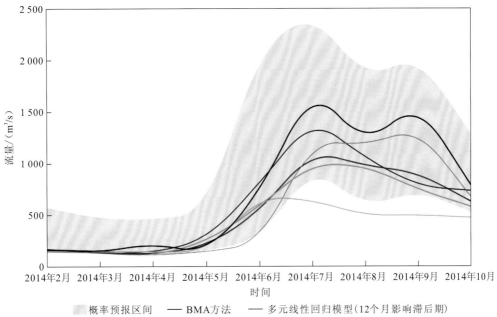

图 6-38　2014 年 1 月发起的 2014 年 2～10 月天一水库入库径流概率预报结果图

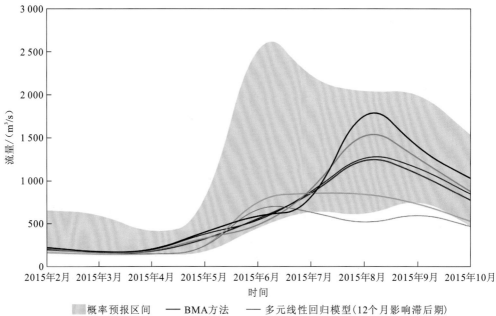

图 6-39　2015 年 1 月发起的 2015 年 2～10 月天一水库入库径流概率预报结果图

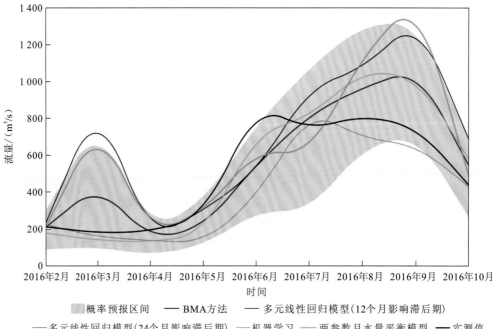

图 6-40　2016 年 1 月发起的 2016 年 2～10 月天一水库入库径流概率预报结果图

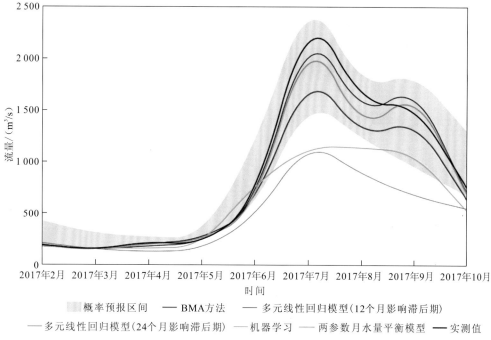

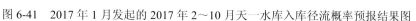

图 6-41　2017 年 1 月发起的 2017 年 2～10 月天一水库入库径流概率预报结果图

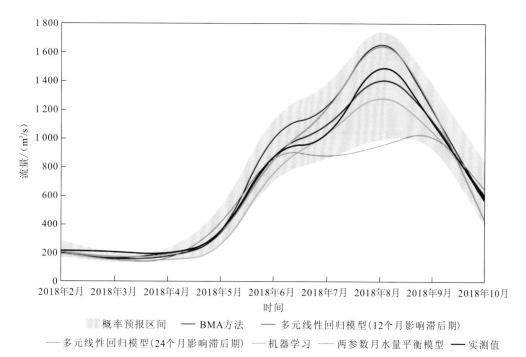

图 6-42　2018 年 1 月发起的 2018 年 2～10 月天一水库入库径流概率预报结果图

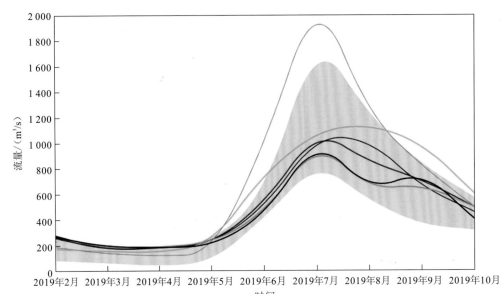

图 6-43　2019 年 1 月发起的 2019 年 2～10 月天一水库入库径流概率预报结果图

表 6-41　2011 年 1 月发起的 2011 年 2～10 月天一水库入库径流集合平均预报结果表

指标	月份									平均
	2	3	4	5	6	7	8	9	10	
实测入库流量/（m³/s）	184	172	236	372	328	138	142	119	204	
预报入库流量/（m³/s）	163	157	198	599	908	613	583	406	188	
预报精度/%	88.6	91.3	83.9	39.0	0.0	0.0	0.0	0.0	92.2	43.9

表 6-42　2012 年 1 月发起的 2012 年 2～10 月天一水库入库径流集合平均预报结果表

指标	月份									平均
	2	3	4	5	6	7	8	9	10	
实测入库流量/（m³/s）	79	67	52	165	1 076	1 221	942	596	434	
预报入库流量/（m³/s）	134	145	124	176	790	1 014	978	628	483	
预报精度/%	30.4	0.0	0.0	93.3	73.4	83.0	96.2	94.6	88.7	62.2

表 6-43　2013 年 1 月发起的 2013 年 2～10 月天一水库入库径流集合平均预报结果表

指标	月份									平均
	2	3	4	5	6	7	8	9	10	
实测入库流量/（m³/s）	105	103	104	264	388	539	584	813	300	
预报入库流量/（m³/s）	142	134	124	227	516	628	788	787	428	
预报精度/%	64.8	69.9	80.8	86.0	67.0	83.5	65.1	96.8	57.3	74.6

表 6-44　2014 年 1 月发起的 2014 年 2～10 月天一水库入库径流集合平均预报结果表

指标	月份									平均
	2	3	4	5	6	7	8	9	10	
实测入库流量/（m³/s）	166	141	222	127	701	1 738	1 173	1 588	779	
预报入库流量/（m³/s）	160	138	121	193	531	1 116	974	902	627	
预报精度/%	96.4	97.9	54.5	48.0	75.7	64.2	83.0	56.8	80.5	73.0

表 6-45　2015 年 1 月发起的 2015 年 2～10 月天一水库入库径流集合平均预报结果表

指标	月份									平均
	2	3	4	5	6	7	8	9	10	
实测入库流量/（m³/s）	226	170	177	403	609	648	2 011	1 345	1 020	
预报入库流量/（m³/s）	207	159	162	310	553	828	1 328	1 081	765	
预报精度/%	91.6	93.5	91.5	76.9	90.8	72.2	66.0	80.4	75.0	82.0

表 6-46　2016 年 1 月发起的 2016 年 2～10 月天一水库入库径流集合平均预报结果表

指标	月份									平均
	2	3	4	5	6	7	8	9	10	
实测入库流量/（m³/s）	213	180	187	268	867	740	816	751	432	
预报入库流量/（m³/s）	209	438	145	210	551	818	969	1 066	531	
预报精度/%	98.1	0.0	77.5	78.4	63.6	89.5	81.3	58.1	77.1	69.3

表 6-47　2017 年 1 月发起的 2017 年 2～10 月天一水库入库径流集合平均预报结果表

指标	月份									平均
	2	3	4	5	6	7	8	9	10	
实测入库流量/（m³/s）	196	144	226	199	573	2 521	1 547	1 570	745	
预报入库流量/（m³/s）	190	147	184	211	558	1 905	1 229	1 423	629	
预报精度/%	96.9	97.9	81.4	94.0	97.4	75.6	79.4	90.6	84.4	88.6

表 6-48　2018 年 1 月发起的 2018 年 2～10 月天一水库入库径流集合平均预报结果表

指标	月份									平均
	2	3	4	5	6	7	8	9	10	
实测入库流量/（m³/s）	213	206	183	277	951	950	1 638	1 094	586	
预报入库流量/（m³/s）	200	149	163	266	933	1 058	1 499	1 137	549	
预报精度/%	93.9	72.3	89.1	96.0	98.1	88.6	91.5	96.1	93.7	91.0

表 6-49　2019 年 1 月发起的 2019 年 2～10 月天一水库入库径流集合平均预报结果表

指标	月份									平均
	2	3	4	5	6	7	8	9	10	
实测入库流量/（m³/s）	265	189	184	190	428	1 034	623	771	398	
预报入库流量/（m³/s）	256	166	178	207	525	1 101	845	706	491	
预报精度/%	96.6	87.8	96.7	91.1	77.3	93.5	64.4	91.6	76.6	86.2

6.5　本章小结

本章采用三种模型进行长期径流预报，包括基于数据驱动的多元线性回归模型和机器学习，以及基于物理过程的两参数月水量平衡模型。在此基础上，基于 BMA 方法进一步开展了长期径流概率预报，得出的主要结论如下。

（1）在基于多元线性回归模型的长期径流预报中，使用多种因子的预报精度高于只选用一种因子的预报精度，在选择单一因子时，将海温偶极因子作为预报因子的预报精度较高；加入前期径流，能在预见期 1～4 个月显著提高仅使用大气环流因子时的径流预报效果；同样，加入前期径流也能在某些预见期提高仅使用海温偶极因子时的径流预报效果；含有海温偶极因子的预报因子组合，在预见期较长时预报效果较优。

（2）在基于机器学习的长期径流预报中，DBN 对天一水库入库长期径流的预报效果均较好。预见期为 1～12 个月时，率定期的平均预报精度均在 67% 以上，验证期的平均预报精度均在 66% 及以上。此外，径流预报年平均精度可达 73.3%。

（3）在基于两参数月水量平衡模型的长期径流预报中，两参数月水量平衡模型对天一水库入库径流有较好的模拟效果，验证期 NSE 达 0.84。通过耦合月尺度气象预报数据，开展了预见期长达 10 个月的长期径流预报，随着预见期的延长，预报精度从 69.7% 下降至 62.7%。

（4）由概率预报结果可知，除 2011 年以外，其余年份所有预见期 BMA 方法集合平均径流预报均表现较好，多月平均预报精度均大于 60%。此外，非汛期预报效果优于汛期。

参 考 文 献

曹鸿兴, 1990. 统计-动力的进展与问题[M]. 北京: 气象出版社.

贾俊平, 何晓群, 金勇进, 2015. 统计学[M]. 北京: 中国人民大学出版社.

孙海滨, 高涛, 2012. 大气环流指数和海温对呼伦贝尔地区年降水预测的指示意义[J]. 内蒙古气象, 2: 5-10.

熊立华, 郭生练, 付小平, 等, 1996. 两参数月水量平衡模型的研制和应用[J]. 水科学进展(S1): 80-86.

CHEN C J, GEORGAKAKOS A P, 2014. Hydro-climatic forecasting using sea surface temperatures: Methodology and application for the southeast US[J]. Climate dynamics, 42: 2955-2982.

CHEN C J, GEORGAKAKOS A P, 2015. Seasonal prediction of East African rainfall[J]. International journal of climatology, 35: 2698-2723.

LOMAX R G, 2007. Statistical concepts: A second course[M]. New York: Taylor and Francis Group.

QIAN S N, CHEN J, LI X Q, et al., 2020. Seasonal rainfall forecasting for the Yangtze River basin using statistical and dynamical models[J]. International journal of climatology, 40: 361-377.

第7章　径流预报效果综合评价方法

　　水库来水预报效果与水电站的调度和水库的安全经济运行紧密相关。本书针对短、中、长期径流预报均提出了多种方案，因此需要对径流预报的有效性和准确性进行评价，从而更好地为水资源综合利用和管理服务。预报评价的目的包括：①评定和检验预报方案的可靠性，进而确定已建立的径流预报方案和采用的模型、方法是否合理与适用，其精度能否满足需要；②了解和掌握预报方案的适用范围、误差分布情况及径流预报值可能存在的误差大小，协助预报人员发布合理预报方案；③比较不同预报方案之间的优缺点，发现水文预报模型的不足，帮助预报人员及时重新率定模型或者改进模型。

　　为了对径流预报的实际效果进行评价，需采用一定的准则或标准。考虑到单一的评价指标往往只能评价径流预报的某一个方面，本章通过建立径流预报评价指标体系来全面反映径流预报的能力。同时，考虑到本书涉及多模型、多方案及多个评价指标，因此选取多目标模糊优化算法进行综合评价。

7.1 评价指标体系

7.1.1 电厂评价指标

以发电为主要目标的水库径流预报一般关注预报准确率和预报合格率。本评价指标体系包含天一电厂日常业务运行中使用的两个评价指标。

1. 预报准确率

预报准确率反映了径流预报结果对实际径流量的水量满足程度，其计算公式为

$$预报准确率 = \left(1 - \frac{\left|Q_y - Q_s\right|}{Q_s}\right) \times 100\% \tag{7-1}$$

式中：Q_y 为预报流量（m^3/s）；Q_s 为实际流量（m^3/s）。当预报值大于实际值的 2 倍以上时，预报准确率按 0 处理。

2. 预报合格率

当一次水文预报的绝对误差与相对误差在许可范围内，即小于许可误差时，预报被认为是合格预报，合格预报的次数和总预报次数的百分比为预报合格率。其中，一次径流预报的误差指标采用绝对误差和相对误差，许可误差采用《水文情报预报规范》（SL 250—2000）规定的实测流量的 20%，其计算公式为

$$预报合格率 = \frac{a}{b} \times 100\% \tag{7-2}$$

式中：a 为合格预报的次数；b 为总预报次数。

7.1.2 电网评价指标

水库来水预报精度评价还需要考虑上级电网的评价指标，本评价指标体系主要考虑南方电网的考核指标。以下针对洪水预报和日、周（旬）、月、年径流预报分别介绍主要的评价指标。

1. 洪水预报

洪水预报精度评定的内容包括洪峰流量、洪水总量、峰现时差。其中，实际洪水过程线采用 1 h 水务计算结果经人工平滑后的过程线；预报过程线一般由定时预报结果中对应预见期的数据组成；洪水总量一般考虑流域面积大于 500 km^2、具有较长预见期的水库的洪水量值。

（1）洪峰流量预报精度计算公式为

$$A_2 = \left(1 - \frac{|Q_{ym} - Q_{sm}|}{Q_{sm}}\right) \times 100\% \tag{7-3}$$

式中：Q_{ym} 为预报洪峰流量（m^3/s）；Q_{sm} 为实际洪峰流量（m^3/s）。当预报值大于实际值的 2 倍以上时，预报精度按 0 处理。

（2）洪水总量预报精度计算公式为

$$A_3 = \left(1 - \frac{|W_y - W_s|}{W_s}\right) \times 100\% \tag{7-4}$$

式中：W_y 为预报洪水总量（m^3）；W_s 为实际洪水总量（m^3）。

（3）峰现时差计算公式为

$$\Delta t = t_y - t_s \tag{7-5}$$

式中：t_y 为预报洪峰出现时间（h）；t_s 为实际洪峰出现时间（h）。

2. 日、周（旬）径流预报

日径流预报需要预报次日水电站日平均入库流量。周（或旬）径流预报需要预报未来一周（或旬）水电站逐日平均入库流量。

日径流预报精度计算公式为

$$A_4 = \left(1 - \frac{|Q_y - Q_s|}{Q_s}\right) \times 100\% \tag{7-6}$$

式中：Q_y 为预报流量（m^3/s）；Q_s 为实际流量（m^3/s）。当预报值大于实际值的 2 倍以上时，预报精度按 0 处理。凡上游有水电站影响的，Q_y 等于预报区间流量 Q_q 加上上游水电站计划出库流量 Q_c。周（或旬）径流预报精度采用所预报的一周（或旬）内逐日径流预报精度的算术平均值。

3. 月、年径流预报

月、年径流预报精度计算公式为

$$A_5 = \left(1 - \frac{|Q_{yj} - Q_{sj}|}{Q_{sj}}\right) \times 100\% \tag{7-7}$$

式中：Q_{yj}、Q_{sj} 分别为预报径流量和实际径流量。当预报值大于实际值的 2 倍以上时，预报精度按 0 处理。凡上游有水电站影响的，只预报区间流量 Q_q，精度评定时，Q_{yj} 等于预报区间流量 Q_q 加上上游水电站实际出库流量 Q_c。

7.1.3　其他评价指标

（1）纳什效率系数（NSE）：

$$\text{NSE} = 1 - \frac{\sum_{i=1}^{N}(S_i - O_i)^2}{\sum_{i=1}^{N}(O_i - \overline{O})^2} \tag{7-8}$$

式中：S_i 为 i 时刻的预报值；O_i 为 i 时刻观测值；N 为时刻总数；$\overline{O}$ 为观测数据的均值。

（2）水量误差（VE）：

$$\text{VE} = \frac{\sum_{i=1}^{N}(S_i - O_i)}{\sum_{i=1}^{N} O_i} \tag{7-9}$$

式中：S_i 为 i 时刻的预报值；O_i 为 i 时刻观测值；N 为时刻总数。

7.2 综合评价方法原理

针对各尺度的径流预报，按以上评价指标体系分别计算预报精度。考虑到本书涉及多模型、多方案及多个评价指标，因此选取多目标模糊优化算法进行综合评价（徐华 等，2011；任明磊和王本德，2009）。

7.2.1 多目标模糊优化算法

多目标模糊优化算法可以采用最大隶属原则，最终得到一组较优的方案供决策者使用，其原理及计算过程如下。

1. 评价指标的计算

根据不同模型得到的径流预报结果，按照各尺度下评价指标的计算公式即可求出对应于当前尺度的各个径流预报评价指标的值。这样就得到了一个对应于该尺度下预报方案的评价指标特征量矩阵，即

$$\boldsymbol{X} = \begin{bmatrix} x_{11} & \cdots & x_{1n} \\ \vdots & & \vdots \\ x_{m1} & \cdots & x_{mn} \end{bmatrix} = (x_{ij})_{m \times n} \tag{7-10}$$

式中：x_{ij} 为第 j 个预报方案的第 i 个评价指标特征量值，$i = 1, 2, \cdots, m$，$j = 1, 2, \cdots, n$。

2. 指标权重的计算

多目标决策问题离不开决策人的参与，优选模型中引入权重正是要将人的决策经验通过数学描述纳入模型之中，这也是模糊优选模型相较于其他不能很好地考虑人的决策经验的常规模型最重要的优点之一。因为有的常规模型虽然没有提及目标权重，但其实

质上却隐含着等权重，或者用一些物理意义不是很明确的抽象指标来反映权重，在实际应用中不易被掌握。而等权重只是模糊优选模型的一个特例，它应被看作决策人在无任何决策经验时所采取的权宜之计。应用人的经验知识的二元比较原理与方法，根据有序二元比较法确定各评价指标的权重，具体计算步骤如下。

（1）考虑各个评价指标关于重要度的排序，令最重要的评价指标的序号为 1，以此类推。

（2）给出第 1 个评价指标（最重要评价指标）与其他评价指标相比时的重要度 $u_{11}, u_{12}, \cdots, u_{1m}$，$u_{1i}$ 表示第 1 个评价指标与第 i 个评价指标相比时的重要度。可使用如下模糊语气：同样重要、略为重要、明显重要、十分重要、极其重要、无可比拟，它们在比较中重要程度是逐步加强的。由于排序第 1 位的评价指标与其本身比较应为同样重要，即重要度 $u_{11}=0.5$，第 1 位的评价指标至多是无可比拟地重要于最后第 m 个评价指标，即 $u_{1m} \leqslant 1.0$，其他语气重要度可按在 0.5～1.0 内线性变化内插求得。因此，$u_{11}, u_{12}, \cdots, u_{1m}$ 应满足：

$$0.5 = u_{11} \leqslant u_{12} \leqslant \cdots \leqslant u_{1m} \leqslant 1.0 \tag{7-11}$$

（3）各评价指标的重要度为

$$W_s' = (w_{s1}', w_{s2}', \cdots, w_{sm}') = [1, (1-u_{12})/u_{12}, \cdots, (1-u_{1m})/u_{1m}] \tag{7-12}$$

将式（7-12）的重要度归一化，可得评价指标权重，即

$$W_s = (w_{s1}, w_{s2}, \cdots, w_{sm}) \tag{7-13}$$

3. 隶属度的计算

由于评价指标特征量矩阵中各评价指标的量纲不同，评价之前需对各评价指标值进行归一化。对于越大越优型评价指标和越小越优型评价指标，归一化公式分别为式（7-14）与式（7-15）。

$$r_{ij} = \frac{x_{ij} - \bigwedge\limits_{j=1}^{n} x_{ij}}{\bigvee\limits_{j=1}^{n} x_{ij} - \bigwedge\limits_{j=1}^{n} x_{ij}} \tag{7-14}$$

$$r_{ij} = \frac{\bigvee\limits_{j=1}^{n} x_{ij} - x_{ij}}{\bigvee\limits_{j=1}^{n} x_{ij} - \bigwedge\limits_{j=1}^{n} x_{ij}} \tag{7-15}$$

其中，$\vee$、$\wedge$ 分别为取大、取小运算符，r_{ij} 为第 j 个预报方案的第 i 个评价指标的隶属度，x_{ij} 为第 j 个预报方案的第 i 个评价指标特征量值，$i=1,2,\cdots,m$，$j=1,2,\cdots,n$。归一化后，式（7-10）中的矩阵成为相对隶属度矩阵：

$$R = \begin{bmatrix} r_{11} & \cdots & r_{1n} \\ \vdots & & \vdots \\ r_{m1} & \cdots & r_{mn} \end{bmatrix} \tag{7-16}$$

令 $r_{gi} = \bigvee\limits_{j=1}^{n} r_{ij}$，$r_{bi} = \bigwedge\limits_{j=1}^{n} r_{ij}$，则 $\boldsymbol{r}_g = (r_{g1}, r_{g2}, \cdots, r_{gm})^T$ 表示理想优方案，$\boldsymbol{r}_b = (r_{b1}, r_{b2}, \cdots, r_{bm})^T$ 表示理想劣方案。

根据模糊优选模型，为了求解方案 j 相对隶属度 u_j 的最优值，建立如下优化准则：方案 j 的加权距优距离平方与加权距劣距离平方之和为最小，即目标函数为

$$\min F(u_j) = u_j^2 \left\{ \sum_{i=1}^{m} [w_i(\bigvee_{j=1}^{n} r_{ij} - r_{ij})]^p \right\}^{\frac{2}{p}} + (1-u_j)^2 \left\{ \sum_{i=1}^{m} [w_i(r_{ij} - \bigwedge_{j=1}^{n} r_{ij})]^p \right\}^{\frac{2}{p}} \quad （7\text{-}17）$$

求目标函数式（7-17）的导数，且令导数为零，即 $\dfrac{\mathrm{d}F(u_j)}{\mathrm{d}u_j} = 0$，则得

$$u_j = \cfrac{1}{1 + \left\{ \cfrac{\sum\limits_{i=1}^{m} [w_i(\bigvee\limits_{j=1}^{n} r_{ij} - r_{ij})]^p}{\sum\limits_{i=1}^{m} [w_i(r_{ij} - \bigwedge\limits_{j=1}^{n} r_{ij})]^p} \right\}^{\frac{2}{p}}} \quad （7\text{-}18）$$

式中：u_j 为第 j 个方案对于理想优方案的隶属度；w_i 为第 i 个评价指标的权重；p 为距离参数，取 1 时为海明距离，取 2 时为欧氏距离，两者对于最优方案的选择而言，其结论通常是一致的，这里取 $p=2$。这时可用式（7-18）求得各方案对于理想优方案的隶属度，为

$$U = (u_1, u_2, \cdots, u_n) \quad （7\text{-}19）$$

根据最大隶属原则，由式（7-19）可以得到一组较优的方案供决策者使用。

7.2.2 综合评价方法步骤

（1）得到径流预报结果后，综合考虑各尺度对应的评价指标，对当前尺度下不同模型的预报效果分别进行自动评价；

（2）根据有序二元比较法确定各个评价指标的权重；

（3）利用多目标模糊优化算法对径流预报效果进行评价；

（4）比较不同模型的评价结果，分析确定最优的预报方案；

（5）计算并反馈各模型与预报误差相关的信息，并根据预报误差的大小对实时预报结果给出可靠性建议。

7.2.3 综合评价方法应用

1. 评价指标权重

考虑不同尺度径流预报的评价需求侧重不同，其中洪水预报以洪峰流量、洪水总量

和峰现时间准确性等为主要评估依据，短期径流预报以流量过程、总水量准确性为主要评估依据，中长期径流预报以总水量准确性为主要评估依据，结合专家经验，通过有序二元比较法得到各径流预报模块的权重，见表 7-1。

表 7-1　径流预报模块评价权重

预报模块	预报精度			
	流量过程预报精度	总水量预报精度	洪峰流量预报精度	峰现时间预报精度
洪水预报	0.1	0.2	0.4	0.3
短期径流预报	0.4	0.5	0.1	0.0
中期径流预报	0.3	0.6	0.1	0.0
长期径流预报	0.3	0.7	0.0	0.0

2. 综合评价结果

以 2019 年发起的各次预报的结果为例展开评价，以综合评价结果由好到坏进行排列，各径流预报模块评价结果如表 7-2～表 7-5 所示。为了更好地对评价结果进行展示，短、中期径流预报对研究阶段率定所得的最优参数方案（各模型的 default 参数方案）与人工修改后的参数方案（各模型的参数方案 2、参数方案 3）进行评价。

表 7-2　洪水预报评价结果　　　　　　　　　（单位：%）

预报模型	参数方案	流量过程预报精度	总水量预报精度	洪峰流量预报精度	峰现时间预报精度	综合评价
实时校正	default	88	90	95	80	88.8
喀斯特新安江模型	default	82	85	83	78	81.8
实时校正	参数方案 3	86	72	83	85	81.7
实时校正	参数方案 2	85	77	79	74	77.7
喀斯特新安江模型	参数方案 2	83	72	70	78	74.1
喀斯特新安江模型	参数方案 3	17	77	83	74	72.5

表 7-3　短期径流预报评价结果　　　　　　　（单位：%）

预报模型	参数方案	流量过程预报精度	总水量预报精度	洪峰流量预报精度	综合评价
实时校正	default	95	96	35	89.5
喀斯特新安江模型	default	89	93	15	83.6
实时校正	参数方案2	87	82	42	80.0
喀斯特新安江模型	参数方案2	83	75	35	74.2
实时校正	参数方案3	72	83	22	72.5
喀斯特新安江模型	参数方案3	74	79	10	70.1

表 7-4　中期径流预报评价结果　　　　　　　（单位：%）

预报模型	参数方案	流量过程预报精度	总水量预报精度	洪峰流量预报精度	综合评价
概率统计模型	default	82	64	41	75.3
机器学习	default	88	63	8	73.8
喀斯特新安江模型	default	63	69	25	69.1
概率统计模型	参数方案3	83	48	45	66.5
喀斯特新安江模型	参数方案3	85	40	19	59.9
机器学习	参数方案2	39	49	86	53.6
机器学习	参数方案3	57	17	3	33.3
喀斯特新安江模型	参数方案2	6	10	96	18.0
概率统计模型	参数方案2	21	2	66	16.2

表 7-5　长期径流预报评价结果　　　　　　　（单位：%）

预报模型	参数方案	流量过程预报精度	总水量预报精度	综合评价
机器学习	default	80	85	83.5
多元线性回归模型	default	75	83	80.6
两参数月水量平衡模型	default	74	78	76.8

由评价结果可以看出，以上评价方法能很好地对不同预报模型、不同参数方案的预报能力进行综合性评价，可以通过各维度评价结果掌握各预报模型、参数方案的合理性、预报精度和预报误差大小等内容，协助发布预报人员合理使用参数方案或及时重新率定模型。

7.3 本章小结

本章基于多目标模糊优化算法，结合电厂与电网评价指标体系，建立综合评价指标体系，实现对径流预报有效性和准确性的评价，从而更好地为水资源综合利用和管理服务，本章的主要结论如下。

（1）针对各尺度的径流预报模块涉及多模型、多方案及多个评价指标，建立了多目标模糊优化算法进行综合评价。所得评价结果能很好地为用户提供对各预报模型、参数方案合理性、预报精度和预报误差大小等的评估，协助发布预报人员合理使用参数方案或及时重新率定模型。

（2）基于国家水情预报规范、电厂和电网评价指标，建立洪水预报、短期径流预报、中期径流预报和长期径流预报等模块的评价指标计算方案。结合专家经验与各预报的侧重点，形成了径流预报模块评价权重集，从而能够满足对不同预报方案进行专业性评价的需求。

参 考 文 献

任明磊, 王本德, 2009. 基于模糊聚类和 BP 神经网络的流域洪水分类预报研究[J]. 大连理工大学学报, 49(1): 121-127.

徐华, 薛恒新, 钱鹏江, 2011. 基于进化学习的视觉模糊系统模型在水文预报中的应用[J]. 水利学报, 42(3): 290-295.